鹈鹕先生的大嘴巴

刘兴诗｜著

LIU XINGSHI YEYE JIANG KEXUE

刘兴诗
爷爷
讲科学

黑龙江少年儿童出版社

图书在版编目（ＣＩＰ）数据

鹈鹕先生的大嘴巴 / 刘兴诗著. -- 哈尔滨 ： 黑龙
江少年儿童出版社，2020.6
（刘兴诗爷爷讲科学）
ISBN 978-7-5319-6171-0

Ⅰ．①鹈… Ⅱ．①刘… Ⅲ．①动物－儿童读物 Ⅳ.
①Q95-49

中国版本图书馆CIP数据核字(2020)第064199号

刘兴诗爷爷讲科学

鹈鹕先生的大嘴巴
Tihu Xiansheng De Dazuiba

刘兴诗丨著

出 版 人：商　亮
项目策划：顾吉霞
责任编辑：顾吉霞　张靖雯
责任印制：姜奇巍　李　妍
整体设计：文思天纵
插　　画：一超惊人工作室
出版发行：黑龙江少年儿童出版社
　　　　　（黑龙江省哈尔滨市南岗区宣庆小区8号楼　邮编:150090)
网　　址：www.1sbook.com.cn
经　　销：全国新华书店
印　　装：北京博海升彩色印刷有限公司
开　　本：787 mm×1092 mm　1/16
印　　张：8
字　　数：110千字
书　　号：ISBN 978-7-5319-6171-0
版　　次：2020年6月第1版
印　　次：2020年6月第1次印刷
定　　价：28.00元

目录

爬上树的鱼

《哇啦哇啦报》消息，信不信由你

一个小伙伴上气不接下气地跑过来告诉我："真稀奇，我瞧见树上有一条鱼。"

我问他："是真的吗？"

他说："当然是真的，骗你是小狗。"

我又问："那是不是一只小猴子，是你看花了眼？"

他说："哼，你以为我连猴子和鱼都分不清吗？肯定是一条鱼，不是别的东西。"

瞧他说得这么肯定，我也不得不信了，连忙跟着他跑去看。

原来这里是海边的红树林，我简直不敢相信自己的眼睛，想不到真的有一条鱼正趴在树上呢。

想一想 猜一猜

- 是不是老爷爷把自己钓的鱼挂在了树上？
- 是不是老奶奶把鱼挂在树上的？
- 是不是小孩扔上去的玩具鱼？
- 是不是一条木鱼？
- 是不是一个鱼形风筝？
- 是不是天上掉下来的鱼？
- 真有会爬树的鱼吗？

 我是小小科学家

这是弹涂鱼。弹涂鱼又叫跳跳鱼、泥猴、海兔。从这些名字，我们就能猜出它长什么样子了。

为什么叫它弹涂鱼？因为它常常在被潮水淹没的海滨沙滩上蹦蹦跳跳。人们常将海岸附近因泥沙沉积而形成的浅海滩称作海涂。弹涂鱼这个名字不仅说明了它能蹦跳的特点，也交代了它生活的环境，真是再恰当不过了。

为什么叫它跳跳鱼？因为退潮以后，它就在地上蹦蹦跳跳。它从海水里跳出来的样子像一只小兔子，所以又把它叫作海兔。

为什么叫它泥猴？因为它全身沾满了泥，还会像猴子一样爬树，所以叫这个名字。

为什么弹涂鱼不老老实实地待在海里，而是爬上陆地，甚至还爬上树？因为在潮水退去的沙滩上，吃的东西比海里多得多。为了吃到美味的大餐，它就勇敢地爬出海面了。海边的红树本来就浸泡在海水里，为了寻找食物，它便爬上树了。

鱼离不开水，那么弹涂鱼爬上岸会死吗？

放心吧，它有办法。它含一口水就能延长在陆地上停留的时间。它身上的毛细血管能够帮助呼吸，这样它就能在陆地上生活了。

没有脚，怎么爬树呢？弹涂鱼的胸鳍和别的鱼的鳍不一样，有发达的肌肉，能像脚一样往前爬。它的腹鳍上面有吸盘，能够将身体牢牢地吸附在树枝上，而不会从树上掉下来。

? 学到了什么

▶ 弹涂鱼为了生存，改变了生活习惯，它不但能够爬上沙滩，还能爬到红树上。

大自然的清道夫

《哇啦哇啦报》消息，信不信由你

呸，屎壳郎。呸，臭烘烘的屎壳郎。瞧你整天推着粪球到处跑的模样，真叫人恶心。

呸，屎壳郎。呸，臭烘烘的屎壳郎。你玩篮球、排球、足球不好吗，干吗要玩臭粪球？

屎壳郎怎么做粪球？只见它先把地上的粪渣聚在一起，然后用脚搓成一团，圆圆的小粪球就做好了。沿着路一直往前推，好像滚雪球一样越滚越大，最后变成了一个大粪球。

屎壳郎推粪球，用脑袋顶，用力用脚推，竟把比自己身子还大的粪球推动了。有的粪球很大，屎壳郎先生推不动，屎壳郎太太就来帮忙。再大的粪球也能推动。

让开呀！赶快让开一条路，屎壳郎推着粪球过来了。它好像不怕臭，推着粪球一直往前走，准备带回家里储藏起来呢。

唉，屎壳郎啊屎壳郎，这样臭的东西你也玩，叫我怎么说你呀。

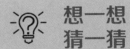

想一想 猜一猜

- 它嫌地上不干净，在做清洁。
- 它可能喜欢吃粪便吧！

我是小小科学家

屎壳郎的大名叫蜣螂。因为它喜欢推粪球，所以还有两个名字：推粪虫、粪球虫。

屎壳郎推粪球，除了有特殊的装备，还有高超的技术。

它身上有专门用来推粪球的特殊结构。它的脑袋上长着一排坚硬的齿，好像钉耙一样，可以顶着粪球往前滚。它的脚上有倒钩，可以紧紧地钩住粪球。六只脚强劲有力，能够推着粪球到处跑。

为什么屎壳郎喜欢推粪球？因为粪球是它最喜欢吃的食物。屎壳郎太太还在粪球里产卵，对它来说粪球是孵化小宝宝最好的产床。小宝宝在粪球里，张开嘴巴就有东西吃，不怕外面的风雨，粪球就像它们的小房子。直到小宝宝们长大了，才钻出粪球，开始自己的新生活。

屎壳郎推粪球有什么不好？它可是大自然的清道夫。如果没有屎壳郎，到处都是臭烘烘的粪便，那才糟糕呢！

? 学到了什么

▶ 屎壳郎吃粪球，在粪球里产卵，作为大自然的清道夫，它们离不了臭烘烘的粪球。

亮闪闪的 海火

《哇啦哇啦报》消息，信不信由你

印度洋是一片神秘的大洋。航行在印度洋上，迎面吹来的风都暖洋洋的。看，水下有一丛丛珊瑚，水上有一座座花环似的珊瑚岛。一群群色彩斑斓的热带鱼在珊瑚礁之间穿梭，一切都是那么神奇。最神秘的是，当黑夜降临，黑沉沉的海面常常会闪现亮光，随之出现一个个巨大无比的光轮，像风车一样慢慢地旋转着，发出一圈圈奇异的光芒，看得人目瞪口呆。

想一想 猜一猜

- 是不是海龙王过生日放的焰火？
- 是不是人鱼公主身上的钻石在发光？
- 是不是沉没的城市发出的光？
- 是不是海底火山喷发？
- 是不是星星沉到海底发出的光？
- 是不是像海市蜃楼一样的光折射现象？
- 是不是一艘艘装满宝物的沉船发出的光？
- 是不是一些鱼身上的鳞片发出的光？

我是小小科学家

前面的答案中，只有最后一个还沾点儿边。这是一种特殊的生物发光现象，但并不是鱼鳞发出的光，主要是一些小小的热带鞭毛虫发出的生物光。

别小看这些微不足道的热带鞭毛虫。它们可神奇啦，既有动物特性，又有植物特性，具有把光合作用所需的太阳能转化为光能的本领。它们的身体内部能够发生复杂的化学反应，从而产生这种神秘的冷光。在翻滚的波浪的搅动下，一阵阵蓝绿色的微弱亮光不停地闪烁，形成了奇异的海上光轮。人们给这种现象取了一个非常恰当的名字，叫作"海火"。

放心吧，这种冷光没有热量，不会使大海燃烧起来，当然也不会让船舶失火。如果你有幸碰到，可以划着小船穿过去，相信一定会很有趣的！

? 学到了什么

▶ 啊，原来这是一种特殊的会发光的水生生物。想不到这种热带鞭毛虫竟然像绿色植物似的，还能进行光合作用。这是一种没有热量、不会燃烧的冷光。

蝙蝠上户口

《哇啦哇啦报》消息，信不信由你

每只动物都有户口，而蝙蝠却没有，因此别的动物都不把它当"自己人"，谁也不搭理它。

蝙蝠想，老这样混下去可不行，生活起来很不方便，还是得办一个正儿八经的户口才行。

蝙蝠张开翅膀从山洞里飞了

想一想 猜一猜

- 蝙蝠就是鸟，因为它会飞，小兔子讲得有道理。

- 蝙蝠是野兽，因为它没有羽毛。可能还有什么其他理由，小麻雀也说不清楚。

我是小小科学家

蝙蝠绝对是野兽，而不是鸟，理由如下：

第一，它不是从蛋里钻出来的，而是妈妈生的。

第二，它从小吃母乳长大。

第三，它有牙齿。

第四，它有绒毛，没有羽毛。

得啦，单凭这几点理由就足以证明它是一种野兽。说得更准确一些：蝙蝠是哺乳动物，不是鸟。

谁说只有鸟会飞？如果这么讲的话，那么树上的鼯鼠，大海里的飞鱼，远古时期的翼龙，岂不都是鸟了？

如此说来，蝙蝠的户口应该去哺乳动物户口登记处办理。

? 学到了什么

▶ 蝙蝠是胎生动物，吃母乳，没有羽毛，属于哺乳动物。

出来，遇见一只小麻雀，它笑嘻嘻地向小麻雀打招呼："喂，小兄弟，请问鸟户口登记处在哪里？"

小麻雀觉得有些奇怪，问它："你打听这个地方干什么？"

蝙蝠说："我想去办理户口。"

小麻雀打量着它，说："瞧你这副模样，光秃秃的没有一根羽毛，哪里像是鸟。"

蝙蝠争辩说："我会飞呀！"

小麻雀说："飞机也会飞，但它能加入鸟协会吗？瞧瞧你，长着老鼠一样的脑袋，只能算是'飞老鼠'，根本就不是鸟。你想去的地方根本就不会给你办理户口，别去碰钉子啦。"

蝙蝠没有办法，只好去找野兽户口登记处，半路上遇见一只小兔子，向它打听道："喂，小兄弟，请问野兽户口登记处在哪里？"

小兔子看了它一眼说："你好像是一只被拔光了羽毛的小公鸡，哪里像是野兽。我劝你别白费力了，野兽户口登记处是绝对不会给你办理户口的。"

法老的诅咒

《哇啦哇啦报》消息，信不信由你

古埃及图坦卡蒙法老的金字塔十分有名，传说那里面藏着数不清的珍宝，可是谁也找不到墓室的入口在哪里。古往今来的盗墓者没有一个人进去过。关于它的传说就更离奇了，听得人心惊胆战，同时也加深了这座金字塔的神秘感。

1916 年，两位英国考古学家决心揭开它的秘密。他们带领一队工人，花了整整 6 年的时间，才挖掘开隐蔽的陵墓入口。他们沿着幽暗的阶梯，推开一扇扇沉重的石门，终于走进了金碧辉煌的墓室，准备掀开盖在木乃伊身上的亚麻布，一睹图坦卡蒙法老的真容。

正在这个时候，他们转身看见一块泥板，上面刻着一句话："谁打扰了法老的安宁，必遭诅咒横死！"

哎呀，这是诅咒哇！

奇怪的是，这句几千年前的诅咒居然应验了。其中一位考古学家从陵墓出来后不久就突然发高烧送了命，临死的时候，他说："我听见了图坦卡蒙法老的呼唤，我要随他去了……"

接着，参加发掘工作的人当中总共有 22 个人因各种意外失去了生

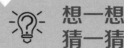

想一想 猜一猜

- 这可是真的，图坦卡蒙法老一定是一个本领高强的巫师。
- 墓室里是不是藏着眼镜蛇？
- 没准儿有妖怪吧？
- 可能是细菌感染。

我是小小科学家

别疑神疑鬼的，哪有什么"法老的诅咒"。科学家经认真分析后宣布:很可能是细菌在作怪。封闭了几千年的墓室，里面的空气糟糕极了，很容易滋生细菌。再说，谁也不知道那位法老是不是得病死的，没准儿他的遗体本身就是细菌繁殖的温床呢。稀里糊涂地闯入，不被传染才怪。至于墓室里到底有什么细菌，暂时还是一个未解之谜。

命。一连串不幸的事使这座金字塔变得更加神秘了，吓得人们再也不敢去招惹它了。

? 学到了什么

▶ 封闭的墓室里会滋生细菌，使人生病甚至死亡。如果不是考古学家，而且没有配备必需的安全设备的话，最好别钻进陵墓里去自找麻烦。

上吊的 沙漠老鼠

《哇啦哇啦报》消息，信不信由你

一个伙伴告诉我："奇怪,真奇怪,我瞧见一只老鼠上吊自杀了。"

我忍不住笑了,对他说:"嘻嘻,别开玩笑啦。老鼠怎么会上吊,你看花眼了吧?"

他争辩道:"这是真的。不信,你自己去看吧。"

瞧他说得那么认真,我不由得好奇,便跟着他一起去看看到底是怎么回事。走到那儿一看,发现果然有一只老鼠挂在灌木枝上,不停地摇来晃去。它瞧见我们过来后,挣扎得更厉害了,不是上吊还会是什么?

想一想 猜一猜

- 唉,不知道这只老鼠有什么想不开的事情,居然要上吊自杀。

- 是不是被猫追赶得无路可走,才上吊自杀的?

- 是不是有人故意把它吊起来,警告别的老鼠?

- 这是一个偶然事件吧?

我是小小科学家

这是发生在新疆石河子地区的一件真实的事情。有一天,有人路过准噶尔盆地边缘,忽然瞧见路边的灌木丛里吊着一只又肥又大的老鼠,目击者惊得目瞪口呆。之后,老鼠上吊的消息就越传越广了。

这不是一般的老鼠,而是生活在沙漠里的大沙鼠。

这可有些奇怪了，它为什么不住在环境好的地方，偏要钻进荒凉的沙漠里？

说起来道理非常简单，这里没有猫和猫头鹰，狐狸和蛇也很少。生活在天敌较少的地方，尽管居住条件不怎么样，但是总比整天提心吊胆过日子强得多，能够保住自己的小命才最重要。

沙漠里没有吃的，它怎么生活？

唉，就甭提太高的要求了，能找到多少就算多少吧。实在找不到吃的东西就偷哇！反正老鼠都是"小偷"，名声早就坏了，那就破罐子破摔吧。

大沙鼠住在这儿，一边是沙漠、一边是田地，环境还不错。粮食成熟的时候，它便悄悄地溜进田地里偷粮食，搬回洞里存起来准备过冬。当人们发现了它的窝，挖出被盗的粮食，它就会又气又急，在洞外的灌木丛里乱蹦一通。这不，一只大沙鼠一不小心被灌木枝挂住了，用尽力气也没法儿挣脱，就这样被活活吊死了。

? 学到了什么

▶ 大沙鼠生活在沙漠地区，这里天敌较少，也能找到一些东西吃，它还挺满意呢。

动物短跑冠军——猎豹

《哇啦哇啦报》消息，信不信由你

动物奥林匹克运动会开幕了，谁是最引人注目的短跑冠军？

是羚羊吗？不是。

是野鹿吗？也不是。

动物短跑冠军是猎豹，谁也没法儿和它相比。

你看，猎豹跑起来就像一道闪电，把所有的对手都远远地甩在了后面。

动物奥林匹克运动会短跑比赛的赛程不是 100 米、200 米。那样短的距离对于跑得飞快的四脚动物来说，只能算是起跑距离。对它们来说，起码也得要 1000 米到 2000 米，才算得上是短跑。

猎豹的短跑纪录是多少？

没有人测量过。不过倒是有人做了一个有趣的实验，驾驶着一辆最新式的跑车和猎豹赛跑。还不到 5 秒钟，猎豹就从静止状态加速到每小时 112 千米的速度，令跑车望尘莫及。猎豹不仅是动物界的短跑冠军，就连跑车这样的赛跑机器也不是它的对手。

猎豹跑得这么快，要是跑上三天三夜的话，会不会把火车也落在

💡 **想一想猜一猜**

- 猎豹力气大，所以跑得快。
- 猎豹腿很长，所以跑得快。
- 猎豹在运动学校学习过，所以跑得快。
- 猎豹的身体结构很适合短跑。

我是小小科学家

猎豹的身体结构非常适合短跑。它腿长，身子瘦，脊椎骨非常柔软，很容易弯曲。整个身体就像一根弹簧，能够在奔跑时不停地上下起伏，帮助它快速运动。它的尾巴像是一个平衡器。猎物为了躲避猎豹，不停地来回转弯，猎豹也摆动着尾巴转弯追赶。不过由于它耐力不好，时间一长就坚持不住了，只好放弃眼前的猎物，休息一会儿再锁定其他猎物。

说起猎豹，人们会把它当成一般的豹子，其实它们有很大的差别。豹子会爬树，猎豹不擅长爬树。豹子白天在树上睡觉，晚上出来找东西吃；猎豹晚上睡觉，白天追赶猎物。豹子野性十足，猎豹却能够被人驯养。信不信由你，古时候许多人还把猎豹养在家里当作宠物呢。

后面。

不会，猎豹只是短跑冠军，不是长跑选手。它的耐力不算好，飞快地冲刺一下，就累得不行了。

猎豹跑得这么快，别的动物遇着它可要倒霉了。

那也不一定。如果一只羚羊在它的前面一直向前跑的话，当然逃脱不了它的魔爪。可是如果聪明的猎物用急转弯躲避它的攻击的话，猎豹就不一定能抓住它们了。

不管怎么说，猎豹跑得快是事实。人们不由得会想，为什么它跑得那样快呢？总要弄清楚原因哪。

❓ 学到了什么

▶ 猎豹短跑速度快，谁也比不上，但是长跑可不行。古时候还有人把猎豹当成宠物来养，甚至作为猎狗的"同事"用来打猎呢。

鹩哥和小偷

鹩哥和小偷

《哇啦哇啦报》消息，信不信由你

一天深夜，吉林珲春沿河街一个花店的老板张先生正在楼上睡觉，迷迷糊糊中听见客厅里传来几声"欢迎光临"。他觉得很奇怪，深夜里是谁在客厅说话？他连忙起床走进客厅一看，只见窗户外面有一个黑影，一闪就不见了。他再一看，发现窗户有被破坏的痕迹。哎呀，莫非家里遭贼了？那个鬼鬼祟祟的黑影肯定是小偷。

当他正感到迷惑的时候，耳畔又响起了几声"欢迎光临"，这次他听得清清楚楚，绝对不是做梦。可他转身一看，屋子里空荡荡的，一个人也没有。

想一想 猜一猜

- 是他在做梦吧？
- 难不成有鬼？
- 肯定是他太敏感了！
- 这是一个恶作剧。
- 屋子里会不会藏着一个人？
- 是录音机在"说话"吧？
- 是一只会说话的"魔猫"。

这个奇怪的声音和那个神秘的黑影，到底是怎么回事呢？

我是小小科学家

这件事情是真的。原来是花店老板养的一只鹩哥在说话。当时它瞧见小偷撬开了窗子，鬼鬼祟祟地要钻进屋来，就喊了一声"欢迎光临"，小偷吓得连忙逃走了。多亏这只鹩哥，否则花店肯定要"破财"了。

鹩哥又叫秦吉了、九宫鸟、海南八哥，主要生活在南方茂密的森林里，也喜欢在田野里飞来飞去。在我国云南南部、广西和海南的丛林里，常常可以看见它的踪影。它全身披着乌黑的羽毛，乍一看，像一只乌鸦。可是它的脸颊上有一道亮黄色的条纹，配上橘红色的嘴，比乌鸦看起来要漂亮。虽然它们身上的颜色很单调，但是它们的蛋的颜色却非常鲜艳，有绿蓝色的、淡紫色的、咖啡色的，还有带着红褐色斑点的。

鹩哥和鹦鹉、乌鸦一样，都会"说话"。只要经过认真训练，就会学身边的人说话。鹩哥的声音非常响亮，还很有音韵呢。它是学习的天才，不仅能够学人说话，还擅长模仿其他鸟类的叫声。

？ 学到了什么

▶ 鹩哥的样子长得有点儿像乌鸦，并且会学人"说话"。

织布鸟先生的 窝

春风轻轻吹，柳条轻轻摇。一只小小的鸟忙忙碌碌地飞来飞去，在细细的柳条上蹦蹦跳跳。

它衔来一根草，紧紧地绑在柳条上，再衔来一根又一根，穿过来、穿过去，像是一个小裁缝。

小兔子越看越稀奇，不知道这只小鸟在干什么。

小兔子问小鸟："喂，你是谁呀？你一直飞来飞去，是在柳条上织布吗？"

那只小鸟点了点头，说："你说对了，我就是织布鸟。"

小兔子越看越有趣，干脆坐下来看它到底要做什么？

织布鸟用尖尖的嘴衔着草穿来

想一想 猜一猜

- 它叫织布鸟，当然是在织布哇。
- 它在做灯笼。
- 要开奥运会了。它是在织一个球，准备拿去献礼吧？
- 它可能是在织一个鸟笼子。

我是小小科学家

织布鸟是在织一个特殊的鸟笼子——它的窝。笼子上有一个小门，它收起翅膀就能钻进去休息。

织布鸟怎么编织它的窝呢？

它先把衔来的植物的一端紧紧地绑在树枝上，再用尖尖的嘴来回编织，动作非常快。有时候，雌鸟和雄鸟一只在里面，一只在外面，叼着植物，穿过来、穿过去，很快就能编出它们喜爱的小窝。最后里外都涂上泥巴，一个风雨打不透的鸟窝就完成了。

织布鸟的窝样子很特别，有的像皮球，有的像葫芦，有的像大肚子的瓶子，一个个挂在树枝上，好像果子一样。住在里面不怕风、不怕雨，也不怕晚上有毒蛇悄悄地溜进来，真好哇！

有趣的是织布鸟先生做窝，是为了向织布鸟小姐求婚。织布鸟小姐看上了谁的窝，就和谁结婚。为了结婚，织布鸟先生就更加卖力了。

穿去，一会儿就编成了一个小碗。

咦，这是做什么用的？

小兔子问织布鸟："这是不是一个碗，你天天在这儿吃饭吗？"

织布鸟俏皮地眨了眨眼睛，说："不是的，到时候你就知道啦！"

织布鸟不再多说一句话，继续干自己的活儿，不一会儿就编出了一个圆溜溜的小笼子。

咦，这是做什么用的？

小兔子问织布鸟："这是不是一个灯笼？晚上点着蜡烛，能照亮树下的路？"

织布鸟又眨了眨眼睛，说："不是的，等我做完，你就知道啦！"

织布鸟不再多说一句话，继续干自己的活儿。它到底在做什么？请耐心地等着看吧。

? 学到了什么

▶ 织布鸟是最优秀的动物纺织工。它的窝做得非常精巧，一个个挂在树枝上，像小小的灯笼一样。

大轮船和海鸥

在茫茫的大海上，有一艘大轮船在航行。轮船的周围都是海水，别的什么也没有。

周围真的什么东西都没有吗？也不是的。海上虽然没有，可是天上还有哇。

抬头看，只见一群雪白的海鸥紧紧地跟随在轮船的后面。它们一会儿飞得高高的、一会儿飞得低低的，一直在这艘轮船的后面绕圈子。

不消说，这些海鸥消除了旅客和水手的寂寞，大家都很喜欢它们。看样子，这些海鸥也很喜欢人们。它们在空中飞着、叫着，不愿意离开。

人们看着天上的海鸥，就纷纷议论道：为什么它们老是跟着轮船飞？

有人说："我们寂寞，它们也寂寞呀。在一望无际的大海上，好不容易遇着了，互相做伴能消除彼此的寂寞。"

说着，人们向天上的海鸥招招手，海鸥也使劲拍着翅膀。

有人说："茫茫的大海上连一块礁石也没有，海鸥们飞累了，需要找一个地方休息一下，轮船就是它们歇脚的好地方。"

说着，人们向天上的海鸥招

想一想 猜一猜

- 它们很寂寞。
- 它们想找歇脚的地方。
- 它们想找东西吃。
- 它们想看病。
- 这些说法都不对，可能有别的原因吧？

呼道："下来吧，在船上歇一会儿吧。"

天上的海鸥好像听懂了人们的话，一只接一只地收起翅膀，落了下来。有的落在甲板上，有的站在桅杆上，还有的干脆落在人们的肩膀上。好像这儿最温暖、最可靠，是它们休息的好地方。

有人说："它们一定是想找东西吃。虽然海里有鱼，但老是吃鱼的话也太没意思了，它们也想换一下口味。"

说着，人们纷纷拿出各种各样的食物，有玉米粒、奶油蛋糕等，想请海鸥尝一尝。

有人说："它们是不是生病了，想找船上的医生看病？"

说着，穿白大褂的医生也向它们招手，想给它们检查身体。

我是小小科学家

海鸥跟着轮船飞，不是因为寂寞。它们成群结队地在一起，就不感到寂寞了。海鸥最喜欢的食物是鱼，不是糕点和别的东西。要说找医生看病，就更加没有根据了。

当然，想在船上歇一会儿，只是它们跟着轮船飞的原因之一。

它们跟着轮船飞的最主要原因是船尾的舵翻搅起滚滚波浪，也翻搅起海水里的鱼，它们跟着轮船容易抓到鱼。

原来在海鸥们的眼里，轮船是帮助它们抓鱼的新奇工具。

大家乱猜一通，不知道这些海鸥到底为什么一直跟着轮船飞。

? 学到了什么

▶ 海鸥跟着轮船飞容易抓到鱼。

戴头盔的 犀鸟先生

《哇啦哇啦报》消息，信不信由你

森林里飞来一只怪鸟，吸引着孩子们跟着它到处跑。每个孩子慌里慌张地看一眼就立刻跑回来报告。结果每个人看见的情况都不一样。

第一个孩子报告说："它的脑袋上戴着头盔，好像要上战场。"

第二个孩子报告说："它的翅膀又短又圆，好像两个盾牌。"

噢，它戴着头盔，又有盾牌，准是一个勇敢的战士。

第三个孩子报告说："它有眼皮。"

第四个孩子报告说："它有

睫毛。"

哇，它有眼皮和睫毛，这听起来不像是一般的鸟，倒像是个爱美的姑娘。

第五个孩子报告说："它扇动翅膀的声音很响，和别的鸟不一样。"

嗯，可能它根本就不是鸟，而是一架小飞机。

第六个孩子报告说："它'嘎克——嘎克——'地叫着，吵得很"

咦，是不是一架直升机？

第七个孩子报告说："它飞得不高，主要靠滑翔。"

噢，它一定是架滑翔机。

第八个孩子报告说："它的脚趾很特别，有两根连在一起，爬树时很方便。"

咦，它是不是啄木鸟变的？

第九个孩子报告说："它没有窝，而是钻进了一个树洞里。"

想一想 猜一猜

- 它是鸟王国的战士，当然要戴头盔。
- 戴头盔的不一定都准备打仗，也许它是消防员。
- 是不是摩托车手的头盔？
- 是不是建筑工人的头盔？
- 是不是演戏用的头盔？

哟，可能是松鼠的亲戚吧？

第十个孩子报告说："它在跟随着自己的主人散步。"

瞧，它必定是小狗变的了。

孩子们说完了，它到底是什么动物呢？

它是与众不同的犀鸟先生啊！它的秘密可真多，仅戴着头盔这一点，就叫人想晕了头。

我是小小科学家

犀鸟先生生活在热带茂密的森林里，模样怪怪的，的确和别的鸟有些不一样。它的头盔和大嘴壳里面有许多小洞，好像蜂窝似的，一点儿都不重。其实这头盔是它的"安全帽"，它老是在树木之间和树洞里钻来钻去，如果没有一顶"安全帽"，准会碰得头破血流。

它的大嘴巴是厉害的武器，谁敢招惹它，被它狠狠啄一下，可不是好玩的。

? 学到了什么

▶ 犀鸟的样子很特别。最引人注目的就是一顶头盔和一张大嘴，还有少见的眼皮和睫毛。

落网的"导航鸟"

《哇啦哇啦报》消息，信不信由你

小弟弟和小妹妹驾着小船出海捕鱼。

小弟弟说："捕鱼有什么稀奇。咱们比一下，分别撒三网，看谁捞起来的东西最稀奇。"

他撒了一网，捞起一条花里胡哨的热带鱼，高兴地跳了起来。

小妹妹说："热带鱼有什么稀奇。我家的鱼缸里有好几条，每一条都比这条好看。"

她使劲把渔网撒下去，捞起来一只小海龟，也高兴得要命。

小弟弟说："这有什么稀奇，还比不上我家门口池塘里的乌龟呢。"

他用力撒了一网，又捞起一只小海马，高高地翘起了鼻子。

小妹妹说："海马笨头笨脑的，要捞还不容易，有什么了不起。"

她也撒了一网，捞起一只乌贼，

> ### 想一想
> ### 猜一猜
>
> - 这是一只跌下水的鸟。
> - 这是一只故意钻进水里的鸟。
> - 这是一只本来就会游泳的鹅。

乌贼喷出一大团墨汁，一下子就染黑了渔网。

小弟弟说："这不就是一瓶被打翻的墨水吗？算不了什么。"

他们已经各自撒了两网，现在是最后一网了。谁能捞起更加稀奇的东西，谁就能取得最后的胜利。

小弟弟对大海爷爷说："大海爷爷，求你帮帮我，让我捞起一只最神秘的动物。"

我是小小科学家

白鲸鸟是潜水好手。只要在空中瞄准了一条鱼，就能像飞机一样，"呼"的一下俯冲下去，钻进水里捉鱼。渔民一网下去，把它捞起来，并不是一件奇怪的事情。

白鲸鸟又叫"导航鸟"，居住在小岛上。迷失方向的渔船只要跟着它，就能找到海上的小岛。

他高高地举起渔网顺手一撒，想不到还没沾着海水，就捞起了一条鱼。仔细一看，原来是一条刚刚冲出海浪的飞鱼，正用力在渔网里挣扎呢。

他高兴极了，大声叫喊："瞧，我没有挨着水，也捞着了一条鱼，这不是很神奇吗？"

小妹妹说："这有什么好稀奇的，瞧我的吧！"

她也用力撒开渔网，想不到从海水里捞起一只湿淋淋的白色的鸟，鸟在渔网里扑棱着翅膀，吱吱地乱叫着。

她高兴地说："在天上捞一条鱼算什么，我在水里捞到了一只鸟，这才叫绝呢。"

? 学到了什么

▶ 白鲸鸟可以钻进水里抓鱼，还能给渔船导航，帮渔民安全返回海岛。

奇怪的 黑天鹅

《哇啦哇啦报》消息，信不信由你

小弟弟问小妹妹："天鹅是什么颜色的？"

小妹妹说："白色的呀！谁不知道美丽的白天鹅。"

小弟弟神秘地眨了眨眼睛，说："信不信由你，世界上还有其他颜色的天鹅。"

小妹妹撇了撇嘴，表示不信。

小弟弟说："你不信的话，我带你去看吧。"

小妹妹觉得很稀奇，难道世界上真有其他颜色的天鹅？她问："你要带我到什么地方去？"

小弟弟神秘地扮了一个鬼脸，说："你别东问西问的，跟我走吧。"

顽皮的小弟弟蒙上小妹妹的眼睛，坐上飞机飞了很远很远，飞到了地球上一个神秘的角落。

他松开手。小妹妹睁开眼睛一

想一想 猜一猜

- 调查一下，这条河的上游是不是有污水厂？天鹅本来是白色的，河水是黑色的。古人说："近墨者黑。"总是泡在污水里，不变黑才奇怪呢。

- 嘻嘻，是墨水染的吧？

- 是不是从煤堆里钻出来的？

- 紫外线太强了，把白天鹅晒成黑天鹅了。

- 是不是魔术？

- 没准儿世界上真有黑天鹅。

看，瞧见静悄悄的小河里，有几只天鹅在自由自在地游着。

哎呀！想不到这些天鹅竟然是黑色的，实在是太奇怪啦。

我是小小科学家

这里是澳大利亚西海岸的珀斯城，号称"天鹅之城"。那条小河叫作斯旺河（Swan River），翻译成中文就是"天鹅河"的意思。这里的生态环境很好，压根儿就没有什么破坏环境的污水厂。

在天鹅的大家庭里，有很多种类。我们知道的大天鹅、小天鹅、疣鼻天鹅、黑颈天鹅，全都是雪白的，除此之外还有一个特殊品种，就是这里的黑天鹅。

你以为黑天鹅全身都是黑色的吗？那也不见得。仔细看它，容易被人看到的身子是黑色的，而藏在下面的肚皮是灰白色的，展开的飞羽也是白色的。嘴是红殷殷的，靠近前端有一条白色横斑，好像是别致的装饰带，比别的天鹅的嘴好看得多。它们只分布在澳大利亚和新西兰，欧洲人刚到这里，看见黑天鹅时，简直不敢相信自己的眼睛，也曾经像故事里的这个小妹妹一样乱猜一通，真是少见多怪。

 **学到了什么**

▶ 世界上的天鹅并不都是白色的，在澳大利亚西部就有一种特殊的黑天鹅。

布谷鸟又叫了

《哇啦哇啦报》消息，信不信由你

"布谷 —— 布谷 ——"

春天来了，布谷鸟又叫了。

为什么布谷鸟老是在春天飞出来，"布谷 —— 布谷 ——"地叫？原来有一个古老的传说。

传说在 3000 多年前，四川盆地经常洪水泛滥，洪水淹没了房屋和田地，人们都没法儿过日子。他们的首领名叫杜宇，人们尊称他为望帝。他有一颗仁慈的心，却没有办法治理滔滔洪水。眼看着老百姓受苦受难，他十分着急。

正在这个时候，发生了一件怪

想一想 猜一猜

- 神话传说不可靠。杜宇怎么可能变成一只鸟？

- 布谷鸟虽然不是杜宇，但是代表了他的心，也可以算是他呀。

事。有一天，人们发现河里漂浮着一具尸体，从下游逆流漂到上游，一直漂到这个地方。说来也奇怪，这具尸体漂到这里后，忽然一下子复活了。他的名字叫作鳖灵，又叫开明。后来，杜宇就让他做宰相，帮助自己治理国家。鳖灵懂得一些水利知识，带领大家疏通河道，以治理洪水，人们又可以安居乐业了。鳖灵的功劳很大，杜宇觉得自己比不上他，就把部落首领的位置让给了他，自己一个人悄悄地回到西山的老家，过上了隐居的生活。后来鳖灵把国家治理得井井有条，人们尊称他为丛帝。今天在成都西边的郫县，还有一座专门祭祀望帝和丛帝的望丛祠呢。

仁慈的杜宇走了，百姓非常想念他，他也忘不了百姓。每当春天来临的时候，他就变成一只杜鹃鸟，从山里飞回来，飞到田野上，"布谷——布谷——"地叫，提醒大家应该播种了。古诗中的"望帝春心托杜鹃"说的就是这件事。

我是小小科学家

布谷鸟又叫杜鹃鸟，因为它老是"布谷——布谷——"地叫，所以就有了这个名字。它的块头比鸽子小一些，背部呈暗灰色，肚皮上布满了黑褐色的条纹，也有的是红色或白色的斑纹。还有的热带杜鹃鸟的背部和翅膀是蓝艳艳的，在阳光的映照下特别显眼。

杜鹃鸟啼叫的时候，正是杜鹃花漫山遍野开放的季节。古人瞧见杜鹃鸟嘴上有红色的斑点，认为是它啼叫得咳出了血。当它边飞边叫的时候，咳出的血滴落在杜鹃花上，把花瓣染红了，所以有了"杜鹃啼处血成花"的说法。

? 学到了什么

▶ 布谷鸟又叫杜鹃鸟，每到春天就到处飞，"布谷——布谷——"地叫。杜鹃花也在春天开放。

有羽毛的"鱼"

《哇啦哇啦报》消息，信不信由你

好望角是非洲南端的岬角。从西边的大西洋绕过这里，就进入另一个大洋——连接东方世界的印度洋。对欧洲人来说，这是一个陌生的地方。自从 1487 年葡萄牙航海家迪亚士发现它以来，一两百年的时间里还没有人研究过它，关于它的一切都显得很神秘。

1620 年，一个法国船长来到这里，无意中发现水里有许多奇怪的动物，身上披着羽毛，却能够像鱼一样钻进海水里，自由自在地找东西吃。

咦，这是什么东西？他从来没有见过，就在航海日记里写道："我看见了一种长有羽毛的大鱼。"

时光飞逝，这本日记成了文物。里面记载的每一句话都引起了人们的兴趣，其中的很多事物都得到了印证。因为他没有写清楚，所以只剩下这个有羽毛的"鱼"还是一个谜。人们不知道他说的到底是什么东西，想来想去也想不明白。

想一想 猜一猜

- 是不是一种消失的动物？
- 别怨这个船长，没准儿现在还有这种动物呢。

 我是小小科学家

人们研究了很久，才弄清楚这个法国船长说的是什么。

唉，他真是少见多怪，想不到有羽毛的"鱼"指的竟然是生活在好望角的企鹅。一般人们只知道南极大陆是企鹅的老家，却不知道好望角也有它的影子。

话说到这里，人们忍不住会问："我们只知道南极大陆有企鹅，它们怎么会跑到非洲去了？是不是在那个法国船长看见它以前，非洲人已经发现了南极大陆，还把企鹅带到了好望角？"

事实并非如此。科学家认为，企鹅分布范围很广，并不是南极大陆独有的物种。迪亚士最早发现好望角的时候，水手们就看见岸边有成群的企鹅，只不过没有给它们取名字罢了。1520年，麦哲伦的船队在南美洲最南部的巴塔哥尼亚海岸也遇见过大群企鹅，把它们叫作"不认识的鹅"。

原来在几千万年前的远古时期，地球上许多地方都有企鹅。甚至在南美洲的热带海岸，还有一种已经灭绝的热带企鹅呢。后来北半球的企鹅消失了，南半球的企鹅也越来越少，只剩下少数地方还能看见它们的影子。

企鹅和鸵鸟一样不会飞。可是根据研究，最早的企鹅也能飞翔。直到65万年前，它们的翅膀才慢慢发生变化，变成只能划水的鳍肢，成了现在我们所看见的样子。

？ 学到了什么

▶ 远古时期，企鹅分布的范围很广，后来数量逐渐减少，如今只分布在南极大陆和非洲、南美洲南部等地。

向萤火虫借光

《哇啦哇啦报》消息，信不信由你

古时候有一个穷书生，住在很远很远的山村里。白天他要到田里去劳作，只有晚上才有时间读书。可是他太穷了，连买灯油的钱也没有。黑漆漆的晚上想要看书，该怎么办才好？

点一支蜡烛吧。

唉，真是饱汉不知饿汉饥。他没有钱买灯油，同样也没有钱买蜡烛。

学习另一位古人，凿壁偷光吧。

这可不行。在别人家的墙壁上凿一个洞，侵犯了别人的利益怎么

想一想 猜一猜

- 萤火虫身上有火。
- 萤火虫身上有发光的细胞。
- 萤火虫准是小妖精。
- 萤火虫就是鬼火。

我是小小科学家

萤火虫不是小妖精，而是一种会发光的昆虫。秘密藏在它的尾巴上，那里有一种特殊的发光细胞，是含磷的荧光素。萤火虫吸入的氧气和磷发生了化学反应，就能发出绿莹莹的光啦。因为它的呼吸一会儿强一会儿弱，吸进身体里的氧气一会儿多一会儿少，所以尾巴上的亮光就一闪一闪的。萤火虫发出的亮光是一种冷光，不会燃烧，也不会灼伤人的皮肤。

能行。再说，他住在山坳里一座孤零零的草屋中，周围也没有邻居。

在月光下面看书吧。

哦，这倒是一个不是办法的办法。可惜月儿圆了又缺，最后变成了一个弯弯的月牙儿，只有一丁点儿朦朦胧胧的亮光，根本看不清书上的字。有时乌云会遮住天空中的月亮，就更无法看清书上的字了。

这也不行，那也不行，到底该怎么办才好？他实在没有办法，于是捉了一些萤火虫，把它们装在薄薄的纸袋子里，借着萤火虫身体发出的微弱亮光勉强看书。

他读了很多书，学问增长了不少。可是还有一个问题想不明白——小小的萤火虫是怎么发光的？

？ 学到了什么

▶ 萤火虫身上有发光的细胞，能够通过化学作用发出绿光。

千奇百怪的 鸟嘴巴

《哇啦哇啦报》消息，信不信由你

小兔子觉得很奇怪，为什么鸟长着各种各样的嘴巴？

它客客气气地问鹭鸶先生："早上好，鹭鸶先生。请你告诉我，为什么你的嘴巴又长又尖？"

它问鹦鹉小姐："你周身打扮得花里胡哨的，像一位时髦的姑娘，为什么不是樱桃小口？却长着一张又硬又弯的大嘴巴，乍一看，像是牛角呢。"

它问交嘴雀大哥："喂，朋友，为什么你的嘴像一把掰坏了的剪刀，上下两个嘴壳岔开，多难看哪。"

它问食虫鸟先生："为什么你的嘴巴细得好像一根针？"

它问鹬鸟先生："为什么你的嘴不仅又细又尖，还弯弯的？"

它又问小麻雀："麻雀弟弟，为什么你的嘴巴像又短又小的三角锥？"

想一想 猜一猜

- 鹭鸶的嘴巴长，可以用来做手杖。水里滑溜溜的，有一根手杖才不会跌倒。

- 鹦鹉的嘴巴像牛角，才能引人注意呀。

- 交嘴雀的嘴巴就是掰坏的，还有什么好说的吗？

- 食虫鸟的嘴巴像一根针，可以当成吸管喝饮料。

- 鹬鸟的嘴巴又细又尖又弯，像一把睫毛夹。

- 麻雀的嘴巴像三角锥，是用来啄地的。

- 燕子的嘴巴宽，好唱歌呀！你看那些歌星，不都是张着大嘴巴唱歌吗？

- 老鹰的嘴巴像铁钩，一下子就能把猎物钩起来。

我是小小科学家

这一次，小科学家不说了，让这些鸟自己说吧。

鹭鸶先生说："像我这样的嘴巴才能啄螺蛳肉吃呀。它也是我的长夹子，可以在水里紧紧地夹住滑溜溜的鱼。"

鹦鹉小姐叹了一口气，回答道："唉，你不说，我也有些犯愁。樱桃小口虽然好看，但是一点儿也不顶用，没法儿夹碎坚果呀。"

交嘴雀大哥说："难看不难看不是问题。重要的是，这样的嘴巴才能钳出松子吃。"

食虫鸟先生说："不，这不是细针，是用来叼小虫子吃的。"

鸸鸟先生说："这是没有办法的办法呀。那些该死的小虫子不是躲进泥土里面，就是钻进树皮里，只有这样的嘴巴才能把它们抓出来。"

小麻雀一边不停地啄落在地上的谷子，一边回答："你已经看见了，只有这种嘴巴啄粮食和小虫子才方便。"

燕子姑娘说："我有一张宽嘴巴，才好边飞边在空中抓蚊子吃。"

老鹰大叔盯住小兔子，恶狠狠地说："我这样的嘴巴才能牢牢地抓住你呀！"

它接着问燕子姑娘："你的嘴巴为什么那么宽？"

它最后问老鹰大叔："为什么你的嘴巴像铁钩？"

这些鸟会怎么回答它？请你听一听它们的回答吧。

? 学到了什么

▶ 鸟长着各式各样的嘴巴，这和它们的生活环境，特别是与吃的东西有关系。好不好看并不重要，重要的是管不管用。

海上救生员

《哇啦哇啦报》消息，信不信由你

有一天，我划着小船出海游玩。船儿漂哇漂，漂进了远海，一回头才发现已经看不见陆地了，我心里有些发慌。正在这时，海面上忽然刮起一阵狂风，卷起了滔天巨浪。我一不小心，没有把稳船桨，小船一下子翻了。我一骨碌跌入了大海，海水立刻吞没了我，费了好大的

我是小小科学家

这是海豚。生活在海边的人们都知道，海豚特别喜欢搭救落水的人。

为什么海豚喜欢救人？有人说，它天生就喜欢亲近人类。有人说，这只不过是它的一种本能行为而已，谈不上什么见义勇为，更加谈不上什么感情。它像孩子似的，也喜欢玩具。海上没有玩具，它只要瞧见漂浮在海面上的东西，就游过去推着玩。即便不是落水者，而是别的漂浮物，它也会用力顶着推，一直推送到海岸边，直到推不动才停下来。与其说它是救人，倒不如说是玩游戏更恰当。

劲儿才挣扎着重新浮上了水面。

我没有穿救生衣，也没有套救生圈，手里没有抓着任何东西，仅仅依靠自己的力量和狂暴的海浪对抗，渐渐感到有些支撑不住了。抬头一看，大海上茫茫一片，周围没有一艘船，也看不见陆地的影子。除非出现奇迹，否则我别想游回陆地。

常言道："福无双至，祸不单行。"想不到正在这个节骨眼儿上，身边忽然冒出一个东西，分开波浪，直朝我冲过来。

哎呀，这是一条鲨鱼吗？我想逃却逃不了，只好紧紧闭上眼睛，听凭命运的安排。

正当我感到焦急万分的时候，它已经冲到了我的跟前。我只觉得背脊被它推着，飞快地在水里前进。奇怪的是，我不但没有被吃掉，还被安全地送到了海岸边。

❓ 学到了什么

▶ 海豚天生就有推着东西玩的习惯，常常在海上救人。

落水的"小娃娃"

《哇啦哇啦报》消息，信不信由你

哎呀，不好啦！有一个小娃娃掉进水里了。

听啊，小河里传来一阵阵哭声。

"哇——哇——哇——"

这声音又小又细，好像是一个吃奶的小娃娃发出来的。

两个孩子听见了，心想：吃奶的小娃娃不会走路，怎么会掉进水里？准是粗心的妈妈不留神，才让小宝宝掉进水里的。要不，就是一件恶毒的谋杀案。不管怎么说，这个小娃娃都很危险。

侧着耳朵仔细听，那个小娃娃还在哭。

"哇——哇——哇——"

他们再也坐不住了，连忙朝着声音传来的方向跑，边跑边用手机打110。

他们上气不接下气地赶到了，

警察叔叔也来了。大家朝小河里一看，没看见掉进水里的小娃娃，只瞧见一个奇怪的动物。

它光溜溜的脑袋又扁又圆，长着两只圆圆的朝天眼睛，张开大大的嘴巴，身子胖嘟嘟的，还拖着一

想一想 猜一猜

- 落水的小娃娃已经被别人救起来了。

- 他们找错了地方，小娃娃还在水里。

- 有人在跟他们开玩笑，故意学小娃娃哭。

- 听错了，根本就没有声音。

- 那个光脑袋的奇怪动物是妖精，没准儿就是它在学小娃娃哭。

条又粗又肥的尾巴。它伸出四只短短的脚，脚趾中间有划水的蹼，一看就是游泳的好手。此刻它正在水里慢慢地游来游去，一点儿也不慌张。

咦？这可奇怪了。这儿没有落水的小娃娃，到底是谁在"哇——哇——哇——"地哭呢？

我是小小科学家

那个脑袋光溜溜的动物是大鲵，因为它的模样和叫声都很像小娃娃，所以又叫娃娃鱼。娃娃鱼不是鱼，而是一种两栖动物。它在水里非常灵活，上岸就不行了，只能慢慢地在地上爬。有趣的是，它还能不声不响地爬上树，偷袭睡觉的鸟，是有名的河边杀手。

学到了什么

▶ 大鲵又叫娃娃鱼，是一种两栖动物。它的叫声很像小娃娃的哭声，不仅能生活在水里，还能上岸，甚至能爬上树抓小鸟吃。

它是树叶，还是蝴蝶

《哇啦哇啦报》消息，信不信由你

峨眉山的秋天，满山都是红色和黄色的树叶。一阵风吹来，一片片树叶悄悄离开树枝，不声不响地往下落。有的树叶直接落下去，堆积在树下，似乎还留恋着树妈妈，不愿意与树妈妈分离得太远。有的树叶随着秋风在空中轻轻旋转，一会儿左、一会儿右、一会儿上、一会儿下，却总也飞不高，最后飘落下来，和满地的落叶聚在一起。

我看哪看哪，忽然看见一片枯黄的树叶，似乎和别的落叶有些不一样，不是往下飘落，而是慢慢地越飞越高，一直飞过了高高的树梢。

它是要随着风飘上天吗？

不，风早停了，没有翅膀的树叶怎么会自己飞上天？

我一下子被它吸引住了，忍不住跟随着这片奇怪的树叶，想看一看它到底飞到了什么地方，弄明白它的秘密。

峨眉山上的树真多呀，高高低低的山坡上掉下来的树叶也很多。有的从山脚下，贴着山坡往上飞，好像要去寻找那从高坡上掉下来的落叶似的。一阵风吹来，只见漫天红色和黄色的树叶，瞧不见它的影子。一会儿风吹过去，空中的树叶纷纷落地，它才又重新显现出来，孤零零地独自往上飞。

想一想 猜一猜

- 这就是一片普通的树叶。仔细找一下，没准儿就在脚边。

- 嘻嘻，你看花了眼吧？

- 是妖精吧？

- 可能不是植物，而是动物？

我是小小科学家

这是峨眉山特有的枯叶蝶。它的翅膀正面和反面的颜色不一样。张开翅膀的时候，显露出奇异的紫褐色和蓝色，收起翅膀时就变成落叶一样的枯黄色，上面还有一根根褐色的"叶脉"呢。乍一看，和秋天的黄叶一模一样，只要它不动，别人就甭想发现它。人们给它取名枯叶蝶，说的就是这个意思。

不一会儿，它似乎飞累了，终于静悄悄地落下来，一直落进我面前低矮的树丛里。我赶快三步并作两步地赶过去，想拾起这片奇怪的黄叶。

当我跑到跟前，一下子愣住了。只见枝头上全是枯黄的树叶，哪里有它的踪影？

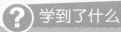

？ 学到了什么

▶ 峨眉山的枯叶蝶很像一片发黄的树叶，这是它最好的伪装。

草叶上的 绿袍大将军

《哇啦哇啦报》消息，信不信由你

瞧，在一片软软的草叶上，站着一位小小的绿袍大将军。

你看它，两只圆溜溜的大眼睛像是两只透亮的玻璃球。

你看它，脖子又细又长，挺着肥胖的肚子。这不是大将军，还会是谁？

哈哈！哪有将军会站在草叶上？这简直让人笑疼了肚子。

这是真的，绝对没有骗你。不信，请仔细看看它吧。它身披绿袍，手舞两把大刀，威风凛凛，相貌堂堂，像是《三国演义》里的关云长。

关云长就是红脸关公啊，手握青龙偃月刀，诛文丑、杀颜良，过五关、斩六将，单刀赴会威名远扬。这个草叶上的绿袍大将军玩的是两把大刀，怎么会是关云长，倒像是《水浒传》里的"一丈青"扈三娘。

哦，它不是关云长，也不是扈三娘。它就是它，草叶上的绿袍大将军，埋伏在这里，专捉迎面来的飞来将。它的大名叫什么？请你好好想一想。

想一想 猜一猜

- 这就是缩小了的关云长。
- 这是袖珍扈三娘。
- 这是孙悟空变的。
- 这是小人国的将军。
- 这是一只小妖精。
- 这是一只鸟。
- 这是一只虫。

我是小小科学家

这位绿袍大将军就是螳螂啊！它是昆虫世界中顶呱呱的猎手。

它为什么这么厉害？有以下几个原因：

第一，它有很好的武器。

螳螂有六只脚，但它只用后面的四只脚走路，前面的两只脚变成了两把"大刀"，"刀刃"上还带着许多尖刺，用来抓小虫子再好不过了。

第二，它有高超的侦察本领。

它有一双机灵的大眼睛，里面还藏着许多小眼睛。当小虫子飞过来的时候，有的小眼睛先看见飞虫，有的小眼睛后看见飞虫。一只只小眼睛接受的图像信号不断送往大脑，大脑飞快地组合这些小眼睛传送来的信息，就能计算出小虫子的位置，准确地抓住它。它那小小的三角形脑袋转动起来十分灵活，便于观察周围的动静，令它时刻保持警惕。

第三，它很会蒙骗猎物。

不同地方的螳螂长相不一样，它们披着绿色或棕黄色的伪装服，和周围的环境融为一体，粗心大意的冒失鬼甭想发现它。

第四，它很有耐心，总是等到最好的时机出手。

螳螂埋伏在草叶上，一动也不动，耐心等待着猎物自己来送死。不到最佳时机绝不出手，一出手就百发百中。

一只螳螂一年能消灭上千只害虫，功劳可真大呀！

 **学到了什么**

▶ 螳螂是有经验的猎手，专门消灭害虫，是应该受到保护的益虫。

弹琴的青蛙

唉，不知怎么回事，我患上了失眠症，晚上只要听见一丁点儿声响就睡不着。为了治病，只好从闹哄哄的城里跑出来，去峨眉山休养。峨眉山里静悄悄的，特别是夜晚，所有的游客和鸟都休息了，安静得几乎可以听见自己的呼吸声，是治疗失眠症最好的地方。

我闭着眼睛，很快就进入了梦乡。

我睡得正香，忽然一个声音惊醒了我。只听见窗外传来一阵阵悦耳的琴声，我感到非常奇怪。

咦，是谁半夜还在弹琴？

是不是一位音乐家？可是他只

想一想 猜一猜

- 刚刚弹完了一支曲子，他也该回去休息了，所以找不到人。
- 我做了一个梦。
- 这是幻想出来的琴声，是神经衰弱的表现。

顾自己弹琴，完全不顾别人的感受，实在太不像话了。

我生气了，披着衣服起来，准备向他提意见。寻着声音找去，没有看见一个人影，真叫人纳闷儿。

我是小小科学家

这是我国南方特有的弹琴蛙，在贵州、安徽、浙江、江西、湖南、福建、台湾、广东、广西和海南都有它的踪影。因为这种青蛙在峨眉山一带的数量特别多，也最有名气，所以人们就叫它峨眉弹琴蛙。

这种青蛙和别的青蛙不一样，主要生活在深山里有水的地方，白天躲起来，晚上才出来找东西吃。因为它的鼓膜特别大，所以叫声也很大。"噔——噔——噔——"的叫声，听上去就好像有人在弹琴一样，所以才得了这个名字。人们还传说是一位道姑在弹琴，所以它还有一个名字，就叫作"仙姑弹琴"。

神秘的弹琴蛙是峨眉山地区最吸引人的小动物之一，也是国家保护动物，我们可要爱护它。

? 学到了什么

▶ 弹琴蛙"噔——噔——噔——"地叫，叫声又大又特别，好像弹琴的声音。

蝉鸣的秘密

《哇啦哇啦报》消息，信不信由你

"知了——知了——"

火辣辣的夏天，热得叫人实在受不了。谁在树上"知了——知了——"地叫？

"知了——知了——"

它的叫声拖得长长的，比热气腾腾的夏天还长呢。

"知了——知了——"

为什么它老是这样叫？是不是想告诉大家，它什么都知道？

想一想 猜一猜

- 它的中气很足，叫上一整天也没有问题。
- 它吃了保护嗓子的药。
- 它根本就没有叫，是在放录音。
- 它根本就没有叫，是身体某个部位发出的声音。

我是小小科学家

蝉不会叫。我们听见"知了——知了——"的声音，压根儿就不是从它的嘴巴里发出来的，它当然不会嗓子疼了。

信不信由你，蝉的叫声是从肚子里发出来的。

这是真的吗？肚子饿了只会"咕噜咕噜"地叫，别人根本就听不见。肚子又不是嘴巴，也没有舌头和声带，怎么会发出声音呢？

声音是由蝉肚子里一个特殊的构造发出的。原来在蝉的肚皮上，紧紧靠着后脚的地方，有一对特殊的发音器。盖板下面藏着薄薄的鼓膜，只要轻轻收缩肚皮，就能牵扯着鼓膜，"知了——知了——"叫个不停了。这样"叫"一天也没有关系，绝对不会觉得累。

顺便再告诉你一个秘密。并不是所有的蝉都会"知了——知了——"地叫。只有蝉先生才会叫，蝉太太根本就不会发出声音。

"知了——知了——"

听啊，它还在没完没了地拖着长长的声音叫，好像在提醒大家："你们来找我呀。"

"知了——知了——"

听啊，声音是从树上发出来的，它准是躲在树上，就看你找不找得到了。

找哇找，一下子找不到。只听见耳边"知了——知了——"的叫声。它好像在得意地说："我藏得很好，你们别想找到。"

找哇找，一下子找着了。原来是一只小小的蝉，趴在树上不停地"知了——知了——"大声叫。

"知了——知了——"

一声声蝉鸣，声音拖得长长的，好像永远没有完似的。

听着蝉"知了——知了——"地叫，人们忍不住问："它不累吗？嗓子不疼吗？它的嗓子是不是有特殊的构造？"

? 学到了什么

▶ 蝉不是用嘴巴叫，而是肚皮上的鼓膜振动发出的声音。雄蝉才会叫，雌蝉不会叫。

不下树的"玩具熊"

小妹妹抬头一看，瞧见树上挂着一只玩具熊。胖乎乎的娃娃脸，配上两只圆溜溜的黑眼睛，扁平的鼻子，毛茸茸的大耳朵，模样真可爱。

咦，玩具熊怎么会挂在树上？

小妹妹说："这准是一个粗心的孩子到处乱扔的玩具。"

小弟弟摇了摇头，说："不对呀，谁会把玩具扔到高高的树枝上？"

小妹妹猜："是不是圣诞树上的玩具？"

想一想 猜一猜

- 这是玩具，当然可以有说话的功能了。
- 这是树袋熊。

小弟弟又摇了摇头，说："也不对。谁会把圣诞树放在这个人烟稀少的地方？再说，现在也不是圣诞节，谁也不会把玩具挂上树的。"

这也不是，那也不是，到底是怎么回事？

小弟弟说："别想那么多了，咱们把它拿下来看一下吧！"

两个孩子兴冲冲地搬来梯子爬上树，伸手抓住了那个奇怪的玩具熊。

小妹妹用手一摸，它的肚皮暖乎乎的。

她想：这个暖和的玩具熊，难道是一个做成小熊形状的热水袋？

小弟弟伸手捏它，玩具熊突然叫了起来，把两个孩子吓了一跳。

玩具熊说："你把我的肚皮捏疼了。"

我是小小科学家

这不是玩具熊，也不是热水袋，而是澳大利亚的树袋熊。听它的名字就知道，它是生活在树上的动物。

它的名字里还有一个"袋"字，这是怎么回事？

原来它和袋鼠一样，肚皮上也有一个装小宝宝的育儿袋。

树袋熊又叫考拉。因为它的尾巴早就退化了，成了垫屁股的垫子，所以它还有一个名字，叫作无尾熊。

大熊猫也喜欢爬树，它和大熊猫是一家的吗？

不，它是一种特殊的动物，和大熊猫没有一丁点儿关系。

大熊猫爬树，也在地上活动。树袋熊也常常从树上下来到处逛吗？

不，它几乎一整天都生活在高高的树上，就连睡觉也不下来，很少下地活动。有趣的是，它只喜欢桉树，别的树看也不看一眼。

为什么这样？因为它只吃桉树叶，所以就离不开桉树了。

哎呀，想不到玩具熊还会说话。两个孩子惊得瞪大眼睛，说不出一句话来。

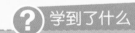 **学到了什么**

▶ 树袋熊也有育儿袋，生活在桉树上不肯下来。

没有翅膀的鸟

《哇啦哇啦报》消息，信不信由你

我走进新西兰的荒野，瞧见一个奇怪的东西。

喂，这是谁家的大公鸡？在野地里到处乱跑。要是遇着黄鼠狼，被叼走了可怎么办？

放心吧，这儿没有黄鼠狼，这也不是大公鸡。只不过它的块头和大公鸡差不多，瞧着像是大公鸡罢了。

你看它，浑身的毛很蓬松，伸出又尖又长的嘴，迈开两条粗短有力的腿到处乱跑。乍一看，真的像是大公鸡，难怪不认识它的人们会有这个想法。

我再仔细一看，不由惊奇得扬起了眉毛。它明明是一只大鸟，为什么没有翅膀，尾巴上也没有翘起的羽毛？圆圆的身子，加上脑袋、脖子和两只脚，像是一个披着毛的卡通皮球，模样非常搞笑，哪像是

什么鸟。

我向当地人打听："这真的是一只鸟吗？"

他说："当然是鸟了，难道还会有假吗？"

我问："如果它是鸟，为什么没有翅膀呢？"

他觉得有些奇怪，反问我："难道鸟非得要长两只翅膀不成？"

我也觉得他提的问题有些古怪，不由得嘟囔道："翅膀是鸟的标志。没有翅膀，还能叫作鸟吗？"

他听了，不以为然地说："翅

想一想 猜一猜

- 它本来有翅膀，后来被剪掉了。
- 几维鸟天生就没有翅膀。

我是小小科学家

几维鸟是一种古老的动物，是新西兰特有的物种。当地人把它当作活化石，非常喜爱它。

它没有翅膀，不会飞，却有两只大脚丫，跑得飞快。发脾气的时候，就踢别人一脚，原来这双脚还是它的武器呢。

它的眼睛很小，视力不好，甚至还会在大白天走着走着一头撞到树上。它的嗅觉特别好，可以嗅到藏在地下小虫子的气味，然后用爪子刨出来吃。树叶、果子也是它喜欢吃的食物。

膀是用来飞的。如果某种鸟喜欢在地上生活，根本就不想飞呢？像鸵鸟和企鹅似的，长着两只多余的翅膀有什么用？不如干脆不要翅膀，就像这个样子。"

翅膀的问题说完了，我觉得他的话也有些道理，好奇地问："这是什么鸟？"

他说："这是几维鸟！"

我又问道："几维是什么意思？"

他说："这就是它的名字呀！"

我接着追问："谁给它取的名字？"

他说："这是它自己取的呀！"

真奇怪，一只鸟怎么会给自己取名字？我有些不相信自己的耳朵。

他微微一笑，手指着面前没有翅膀的鸟说："你听，它在叫自己的名字呢。"

我一听，这只鸟真的"几维、几维"地叫起来了。

啊，原来"几维"是它的叫声啊！

❓ 学到了什么

▶ 几维鸟没有翅膀，用两只脚到处跑，是一种原始鸟类。在新西兰，人们认为它和大熊猫一样珍贵。

奇怪的小飞机

《哇啦哇啦报》消息，信不信由你

天上飞来一架小飞机，飞过树林，飞过草地，飞得很低很低。

它很小很小，装不了人，只能装下蚂蚁。

这是哪儿来的一架小飞机？是不是从小人国来的，是不是一架玩具飞机？

哈哈！只能装下蚂蚁，这算是什么飞机。

想一想 猜一猜

- 这当然是小人国的飞机。仔细看一下，没准儿里面还有小飞行员呢。

- 我敢打赌，这是一架玩具飞机。只要装上电池，就能飞了。

- 莫非它天生就是这个样子的？

我是小小科学家

　　这是蜻蜓，不是飞机。蜻蜓有四只薄薄的透明翅膀，看起来就像是一架小飞机。它和别的昆虫一样，也长着六只细细的脚。它能张开翅膀在天上飞，伸出脚在地上爬，还能用脚抓东西呢！

　　蜻蜓有一双奇怪的大眼睛，好像小小的玻璃球一样。它的视野非常开阔，不仅看得很远，还能测量从面前飞过的猎物与自己的距离，并能冲上去一口吃掉。

　　蜻蜓点水不是洗尾巴，而是在水里产卵。卵孵化后，变成了水虿，最后长出翅膀，才变成真正的蜻蜓。蜻蜓捉蚊子吃，水虿吃蚊子的幼虫。十只蜻蜓一年能吃几千只蚊子，是消灭害虫的能手，是人类的好朋友。

　　天上飞来一架小飞机，飞过山坡，飞过山脚，声音很轻很轻。

　　别的飞机通常只有两只翅膀，它却有四只翅膀。别的飞机肚皮下面藏着轮子，它的肚皮下面有六只脚。

　　哈哈！飞机怎么会有脚，难道还要在地上跑吗？这可太奇怪了？

　　天上飞来一架小飞机，飞过麦田，飞过菜地，飞得很慢很慢。

　　哈哈！飞机飞得这么慢，如果从北京飞到上海，不知道要花多少时间，还不如骑自行车呢。

　　哼，小飞机呀小飞机，我也能够和你比一比。不信，试一试，看谁先到达目的地。

　　天上飞来一架小飞机，飞过小河，飞过池塘，在水面上一点一点的。

　　它紧紧挨着水面在干什么，是不是尾巴弄脏了，想在水里洗尾巴？

　　哈哈！稀奇，真稀奇，世界上哪有自己洗尾巴的飞机。

? 学到了什么

▶ 蜻蜓在水里产卵，卵经过在水里生活的阶段之后，才会变成真正的蜻蜓。

黑夜里的树上精灵

《哇啦哇啦报》消息，信不信由你

夜深了，黑漆漆的树林里，钻出来一个黑乎乎的影子，把小妹妹吓了一跳。

她抬头仔细一看，瞧见它踩着细细的松树枝，在树枝上轻轻蹦跳，动作非常敏捷，没有发出一丁点儿声音。

咦，这是谁呀？这么晚了还不睡觉，是不是小偷？

小妹妹紧紧地盯住它，连忙掏出手机报告森林警察。想不到它溜得很快，转眼就消失在浓密的树丛中。

值夜班的猫头鹰警察来了，问她："小偷在哪儿？"

小妹妹说："它逃跑了。"

猫头鹰警察问："它长什么样子？"

小妹妹回忆说："它的脑袋小

小的，耳朵大大的，嘴巴尖尖的，身子软软的，腿短短的，长长的尾巴很蓬松。"

猫头鹰警察问："是松鼠吗？"

小妹妹摇摇头，说："不，它的身子比松鼠长得多，尾巴也没有松鼠大，不是松鼠。"

猫头鹰警察再问："是黄鼠

想一想 猜一猜

- 可能是一只短尾巴的松鼠。
- 准是贪心的黄鼠狼想要爬上树抓小鸟吃。
- 它是一个小妖怪。
- 是夜游神吧？
- 它是一种稀罕的动物。
- 可能是小妹妹看花眼了。

我是小小科学家

住在森林里的猫头鹰当然认识它，原来它是一只紫貂。

紫貂生活在气候寒冷的森林里，乍一看有些像松鼠。它和黄鼠狼是亲戚，不仅长得很像，还都有喜欢晚上出来找东西吃的习惯。

紫貂是有名的高空运动家，在树上纵向跳跃得很快，落点还非常准确，好像是踩钢丝的杂技演员，绝对不会从高高的树枝上掉下来。

紫貂是凶狠的森林猎手，不管什么小型鸟兽，只要被它看见了，就要倒霉啦。

紫貂是珍贵的保护动物，大家千万不要伤害它。

狼吗？"

小妹妹说："不，黄鼠狼专门偷鸡。树上没有鸡，它爬上树干什么？"

猫头鹰警察心里有数了，自言自语道："我知道是谁了。如果它真的偷了东西，我一定抓住它。"

? 学到了什么

▶ 紫貂是树上活动的好手，喜欢在夜间出来找东西吃。不管是松鼠、小鸟、鸟蛋，还是地上的老鼠、野兔，水里的鱼，全都是它狩猎的对象。

蝴蝶泉边的 蝴蝶会

《哇啦哇啦报》消息，信不信由你

我跟着旅行团去云南大理玩，我们来到了一个风光秀丽的地方。远远望去，只见天空中飘着一些五彩缤纷的东西，好像是随风卷起的花瓣。有红色的、黄色的、蓝色的、紫色的，还有许多白色的、黑色的，好看极了。

想一想 猜一猜

- 蝴蝶在练习杂技，才连接成一串串。
- 蝴蝶在花枝上采花蜜。
- 蝴蝶在开会。

我是小小科学家

这里是有名的大理蝴蝶泉。每年春天有成千上万只蝴蝶飞来，聚集在泉边。人们也从四面八方赶来看蝴蝶会，真是热闹极了。

为什么蝴蝶会连接成一串？这是蝴蝶在交配，并不是在练习杂技或在花枝上采蜜。

那是什么东西？真的是花瓣吗？在这落花的季节，这不是不可想象的事情。我慢慢地走到跟前一看，一下子惊呆了。

这哪是花瓣，分明是数不清的彩色蝴蝶在随风飞舞。

啊，这儿的蝴蝶可真多呀！我从没有见过这样奇异的景象，好像走进了蝴蝶的天地。

我想数一数，天上到底有多少只美丽的蝴蝶。

一只，两只，三只……

我数着数着，一会儿就迷糊了，这么多的蝴蝶，数也数不清。

这儿的蝴蝶不怕人，瞧见有人过来，似乎想认识一下，一群群飞过来。有的蝴蝶好像累了，干脆收起翅膀，停在我的头顶和肩膀上，把我变成了一个"蝴蝶人"。

这五颜六色的全都是蝴蝶吗？

不，这里还有许多和蝴蝶一样美丽的花儿。其中最多、最好看的是泉边的蝴蝶花。天上飞舞的蝴蝶好像特别喜欢这些蝴蝶花，一只接着一只停歇在花枝上。有的似乎悬空吊挂着，一串一串的，五颜六色的花蝴蝶和蝴蝶花纠缠在一起，分不清谁是真正的蝴蝶花，谁是飞来的花蝴蝶。也不知道这些蝴蝶在这里做什么，真奇怪呀。

❓ 学到了什么

▶ 云南大理蝴蝶泉边，春天有成千上万只蝴蝶在此聚集、繁殖。

"骆驼"牛

近视眼蜗牛小姐和马大哈青蛙先生一起出去玩，远远地瞧见一只古怪的动物。它的块头很大，背上高高隆起一个包。

蜗牛小姐说："这是水牛太太吧？要不，怎么这么大？"

青蛙先生马马虎虎地望了一眼，张口就说："这明明是一只大骆驼，怎么会是水牛？"

蜗牛小姐凑近了仔细一看，发现它的背脊上真有一个大包，看起来很像骆驼。

青蛙先生高兴地说："我住在小小的池塘里，别人都讥笑我是井底之蛙。骆驼大叔走南闯北，必定见识很广。不如请它给我讲一讲世界上的奇闻轶事，也让我开开眼界吧。我慢慢积累了知识，就能摘掉井底之蛙的帽子了。"

蜗牛小姐也说："我爬得慢吞吞的，加上视力不好，看到的东西很少。如果骆驼大叔愿意带我到沙漠里走一走，那才带劲啊！"

它们打定了主意，就拦下了背脊上有大包的陌生来客。

一个说："骆驼大叔，请您给我们讲一下世界各地的风光吧。"

另一个说："骆驼大叔，带我们去沙漠里玩吧。"

想一想 猜一猜

- 哎呀！可不好，那准是一个肿瘤，得赶快住院手术。要不，就小命难保了。
- 是不是骆驼和牛的杂交品种？
- 是不是牛拉的车太重，在脖子上磨出的大包？
- 可能真有这样的牛吧！

我是小小科学家

这是热带地区特有的瘤牛，印度就有很多。

它为什么叫这个名字？它的背上真的有一个肿瘤吗？

不是的，这是一种特殊的瘤状突起，是它专有的标志。瘤牛不怕热、不怕干旱，什么饲料都能吃，是很好的品种。它块头大，力气也很大，可以拉车，还能产奶，用处可不少呢。

陌生来客说："对不起，我不是骆驼，没有去过沙漠。"

蜗牛小姐说："您是嫌我碍事吗？我很轻，一点儿也不会给您添麻烦。"

陌生来客说："这不是轻重和麻不麻烦的问题，关键在于我根本就不是骆驼。"

青蛙先生笑了，说道："得了，您别客气了。您不是骆驼，谁是骆驼？"

陌生来客生气了，问它："你们说我是骆驼，有什么根据？"

青蛙先生指着它的背脊说："瞧，您的背脊上有一个大包。您不是骆驼，谁是骆驼？"

陌生来客急了，大声辩解说："我是牛，不是骆驼。"

蜗牛小姐也说："您以为我们没有见过牛吗？牛背上光溜溜的，绝对没有这样的大包。"

那个背上有大包的陌生来客实在没有办法，只好大声叫："哞——"

叫完了，它问这两个硬说它是骆驼的近视眼和马大哈："你们听清楚了吗？世界上哪有'哞——哞——'叫的骆驼？"

啊，这真的是牛在叫！可是它的背脊上怎么会有一个大包呢？

❓ 学到了什么

▶ 瘤牛虽然背上有一个大包，但它不仅能干活，还能像奶牛一样产奶呢。

花脸 小熊猫

《哇啦哇啦报》消息，信不信由你

一个同学上气不接下气地跑过来说："我看见一只奇怪的大花猫，比家里的猫大得多。"

大家问他："真的是猫吗？"

他说："是呀，难道我连猫也不认识吗？不信的话，你自己去看吧。"

第二个同学自告奋勇地说："我去看看吧。"

他看了那只"猫"回来后，摇

> **想一想猜一猜**
>
> - 这是大花猫。
> - 这是用四只脚走路的猴子。
> - 这是爬树的小花豹。
> - 小熊猫就是大熊猫的孩子。女大十八变，小熊猫为什么非要长得像大熊猫？

着头说："不是猫。猫哪有那样又粗又长的尾巴，可能是一只狐狸。"

到底是猫还是狐狸？他们说来说去也说不清楚。

我是小小科学家

小熊猫和大熊猫不是一家子，小熊猫是浣熊的亲戚。它长着圆溜溜的脑袋，脸上花里胡哨的，像是一只卡通动物。

小熊猫动作非常灵活，爬树的本领比大熊猫高明得多。虽然它也吃箭竹，却只吃箭竹的嫩叶子，不像大熊猫一样，把整棵竹子都啃得干干净净。小熊猫几乎什么东西都吃，包括树叶、果子、竹笋、小鸟和小虫子等。单从这一点来看，它也不可能是大熊猫的孩子。

第三个同学说："别争啦，我去看看吧。"

他看了回来后，也摇着头说："我看见它爬树了，狐狸不会爬树。这不是狐狸，可能是一只猴子。"

到底是猫，是狐狸还是猴子？他们争来争去，谁也说服不了谁。

第四个同学说："别争了，我去看看吧。"

他看了回来后，也摇着头说："哪有那样花里胡哨的猴子，准是一只小花豹。"

到底是猫，是狐狸，是猴子还是小花豹？他们吵翻了天。

第五个同学说："别吵了，我去看看吧。"

他看了回来后，同样摇头说："不是小花豹。我瞧见它在水边洗东西吃，肯定是一只浣熊。"

到底是猫，是狐狸，是猴子，是小花豹还是浣熊？谁也说服不了谁。

第六个同学说："别说了，我去看看吧。"

他看了回来后，笑嘻嘻地说："你们说得都不对，那是一只小熊猫。"

哈哈！大家都笑了。谁不知道熊猫身上只有黑白两种颜色，怎么会是这个样子。

❓ 学到了什么

▶ 小熊猫不是大熊猫的孩子。它吃东西前要先洗一洗，这个习惯和浣熊一模一样，它们才是亲戚。

舔蚂蚁的"大老鼠"

舔蚂蚁的"大老鼠"

《哇啦哇啦报》消息，信不信由你

哎呀！森林里钻出来一只大老鼠。小花猫吓坏了，连忙转身就跑。它边跑边喊："快跑哇！大老鼠来了。"

哈哈！一只小兔子见它吓成这样，都快笑破了肚皮，对它说："你可是猫哇，怎么怕老鼠？"

小花猫说："这只老鼠实在太大了，我怎么可能不害怕？"

小兔子问："这只老鼠到底有多大？"

小花猫说："它比大狼狗还大。"

想一想
猜一猜

- 这是一只大老鼠。
- 这是一只大松鼠。
- 这是一种奇异的动物。

小兔子不信，接着问："你是不是看花了眼？"

小花猫说："我看得清清楚楚的。你不信，跟我去看一看吧。"

它领着小兔子悄悄跑过去，躲在大树后面一看，真的是这样。只见那只奇怪的大老鼠有 1 米多长，拖着一条长长的尾巴，比大狼狗还大。猫虽然不怕老鼠，却怕狼狗。撞见这么大的老鼠，不被吓到才怪。

小兔子瞧见这只大老鼠，比小花猫还害怕，它们连忙拔腿就跑，边跑边叫："不得了啦，大老鼠来了。"

哈哈！一只小狗见它们吓成这样，说道："你们还算是猫和兔子吗？怎么被一只老鼠吓得屁滚尿流？"

小花猫和小兔子说："这只老鼠和别的老鼠不一样，你自己去看一看就知道了。"

小狗才不怕呢，叫它们带路。

几个小家伙又回到了老地方，远远地瞧见那只大老鼠披着一身红毛，尾巴很蓬松，像是一把大扫帚。再一看，它正低着脑袋在地上嗅来嗅去，一边走一边用爪子刨土，不知道在干什么。一会儿，它伸出一根又细又软的像皮管子似的长舌头，似乎是在地上舔什么东西吃呢。

奇怪了，这到底是什么东西？

 我是小小科学家

它不是老鼠，也不是松鼠，而是一只稀有的食蚁兽。食蚁兽生活在南美洲，会捕食蚂蚁。当它发现蚂蚁窝时，便伸出皮管子一样的长舌头轻轻一舔，就能粘住许多小蚂蚁，一下子就吞进了肚里。

？ 学到了什么

▶ 食蚁兽用又长又黏的舌头舔蚂蚁吃。

大海里的小马驹

这不是童话，也不是神话，这是一件真实的事情。大海里忽然钻出了一匹马。

两个孩子背着氧气瓶，戴着橡胶脚蹼，跳入大海里去探险。他们慢慢地往前游着，边游边看有没有稀奇的东西。游着游着，忽然看见前面有一只奇怪的动物。

一个孩子先看见了，忍不住叫了起来："瞧，那儿有一匹马。"

第二个孩子不相信，马生活在陆地上，怎么会出现在海里？

第一个孩子说："你不信吗？自己看看吧。"

第二个孩子顺着他手指的方向透过海水望去，想不到真的看见了一匹小马的影子。小小的马脑袋看得清清楚楚的，它正直直地挺着身子，在水里慢慢地往前游呢。

马脑袋的形状非常特别，和别

> ### 想一想 猜一猜
>
> - 这是海龙王的坐骑。
> - 这是一匹被砍掉四条腿的马。
> - 这是一匹淹死的马。
> - 这是一种特殊的海马。

的动物不一样。够了，只要看清楚马脑袋，就能确定那是一匹马。

他们还来不及想马怎么会在海水里游泳，接着再仔细一看，他们惊奇得你望着我、我望着你，简直不敢相信自己的眼睛了。

瞧哇，这匹奇怪的小马没有四条腿，也没有大尾巴。它挺着鼓鼓的胸膛，卷着一条弯弯的长尾巴，周身披着一块块硬邦邦的骨板，好像穿着铠甲的古代武士。

我是小小科学家

　　这是生活在大海里的海马。它根本就没有腿，依靠背鳍和胸鳍的摆动在水里游泳。不消说，它游得很慢很慢。它那条弯弯的长尾巴可以帮助身体保持平衡，有时还能缠着海草歇一会儿，用处可不小呢。

　　最奇怪的是海马爸爸像袋鼠一样，肚皮上有一个口袋，里面装着小海马。带孩子的事情完全归它管，真是一个好爸爸。它根本就不是马，也不是袋鼠，而是一种特殊的硬骨鱼。它有背鳍和胸鳍，这是鱼最重要的标志。

　　两个孩子你问我、我问你："这到底是什么怪物？"

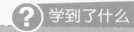 **学到了什么**

▶ 海马不是马，是一种特殊的鱼。带孩子是海马爸爸的事情，海马妈妈完全不管。海马爸爸的肚皮上有和袋鼠一样的育儿袋。

鲤鱼跳龙门

《哇啦哇啦报》消息，信不信由你

想一想
猜一猜

- 龙门的门槛太高了，请龙王爷降低门槛吧。
- 瀑布的水流太猛了，请龙王爷将水势减小些吧。
- 鲤鱼的力气太小了，好好锻炼一下再来吧。

请听，这是鲤鱼跳龙门的神话。

龙门在哪儿？在黄河上游的一个峡谷里，两岸是陡峭的悬崖，中间似乎只有一条缝儿。湍急的河水哗啦啦地流下来，形成了一道又高又宽的瀑布。据说，这里也归龙王爷管，这个瀑布就是他特意布置的。

我是小小科学家

为什么鲤鱼要跳龙门，它们是不是真的想变成龙？

神话故事不能当真。鲤鱼在龙门下面蹦蹦跳跳，不是想变成龙，而是要游到河流上游去产卵。龙门挡住了它们的路，它们才使劲往上跳。

说到这里人们会问，水里什么地方不能产卵，为什么鲤鱼妈妈非要游到上游去产卵？说它们死心眼儿，一点儿也没错。

哦，这个问题可没法儿一下子说清。这是一种神秘的现象，也算是鲤鱼妈妈的隐私。只有鲤鱼自己才知道其中的原因。鲤鱼妈妈不说，人们就只能猜想了，所以才编造出鲤鱼跳龙门的神话故事。科学家说，也许是因为河流上游水流湍急、水质清洁、水里的敌人也很少，对未来小宝宝的健康和安全有好处，所以鲤鱼妈妈才选择在那儿产卵。

唉，可怜天下父母心，父母们宁愿自己吃苦，也要处处都为孩子着想，鲤鱼妈妈也一样。

龙王爷说，不管什么鱼，只要跳过这道龙门，就能立刻升上天空，变成一条龙。

老是在水里做鱼多没意思，谁不想飞到天上变成龙呢？鲤鱼对此特别感兴趣，每年春天，它们都成群结队地游来，迎着巨浪用力向上跳。谁能跳过龙门，就会升上天空变成神龙。大家高高兴兴地往上跳，可惜龙门太高了，它们用尽了力气，也没有一个能跳过去。尽管鲤鱼们全都失败了，它们还是继续往上跳，不放弃自己的梦想。

唉，是鲤鱼太死心眼儿，还是龙门太高？实在有些说不清。

❓ 学到了什么

▶ 鲤鱼跳龙门是为了到上游产卵，而不是想要变成一条龙。

麻雀 小偷

从前有一个小镇，送奶员每天早上都按时将新鲜的牛奶放在每户人家的门口。

有一天，一户人家的女主人打开门一看，觉得很奇怪。哎呀，牛奶被人动过了。奶瓶的封口纸被戳了一个洞，瓶里的牛奶也少了。女主人非常生气：这是哪个坏蛋偷喝了我家的牛奶？

偷奶贼的消息一下子就在小镇上传开了。警察也开始进行调查，可是查来查去，也查不出一丁点儿线索。这个小偷作案的手段可高明了，既没有留下脚印，也没有留下指纹，好像是一阵来无影、去无踪的风。警察不知道该从哪里下手。像这样没有线索的案子，谁能查得出来呢？

几天之后，情况越来越糟糕。这个小偷非常猖狂，似乎压根儿就

想一想 猜一猜

- 准是一个飞贼。
- 是一个团伙干的。
- 是不是孩子们的恶作剧？
- 有鬼！

没有把警察放在眼里，竟然在调查期间，接连多次顶风作案。镇上许多户人家的牛奶，都接二连三被偷喝了，用的手段一模一样。看来小偷是同一个人。这个家伙胆子真大，简直是在向人们示威。

警察也很着急，千方百计地想把小偷揪出来，他们决定悄悄埋伏，看一看究竟是谁制造了这一连串不大不小的盗窃案。

警察的耐心埋伏果然有结果。

我是小小科学家

原来小偷是一群麻雀，奇怪吧？本来麻雀是不可能偷喝瓶里的牛奶的。可就在一天早上，一只麻雀外出找东西吃时，碰巧落到一户人家的门口，又凑巧弄破了封瓶口的纸，喝到了可口的牛奶。

为了享受这份"天赐的礼物"，这只麻雀就多次"作案"。麻雀总是成群结队地飞来飞去，别的麻雀很快也学会了偷喝牛奶的方法。

这件盗窃案算不了什么。麻雀还老在晒场上啄地上的粮食吃，简直气破了人们的肚皮，把它列为害鸟。麻雀偷吃粮食的确不好，可是它们吃的害虫更多。如果把它们消灭了，害虫就会越来越多，最后倒霉的还是人类自己。

这件案子的结果大大出乎人们的意料……

? 学到了什么

▶ 麻雀虽然常常偷吃东西，但是也吃许多害虫。它有过错，也有功劳。功劳比过错大一些，不能把它一棍子打死。

鹈鹕先生的大嘴巴

鹈鹕先生来了。

虽然离得远，但是人们一眼就能看见它。

为什么一眼就能看见它？因为它和别的鸟不一样啊。在人们眼中，许多鸟的大小和样子都长得差不多，得到跟前才能分辨清楚。一只麻雀和一只山雀飞来，你能远远地分辨出谁是谁吗？人们也不能离得老远就分清八哥和鹩哥。

想一想 猜一猜

- 鹈鹕块头大，力气也大，使劲扇动翅膀，就能轻轻松松地飞上天。
- 鹈鹕嘴巴大，吃得多。
- 鹈鹕嘴巴下面的大口袋是食品袋，装满了鱼虾。

但是鹈鹕先生就不一样了。它的块头特别大，大约有 1.5 米长，10 千克重，属大型游禽。如果再耸起那两只蓬松的翅膀，就更加显眼了。乍一看，好像是一个一会儿浮在水面、一会儿飞在空中的大胖子。哪像麻雀和山雀，全都是小不点儿。不消说，大家伙的目标大，远远一看，人们就能认出它来。

它有一个特别大的嘴巴，几乎占整个身长的四分之一。在鸟的世界里，谁也没有这样大的嘴巴。鹦鹉的嘴巴虽然也很大，可和它一比，就是小巫见大巫了。

更奇怪的是，在它的嘴巴下面还有一个大皮口袋，这可是任何动物都没有的呀。

鹈鹕先生，我问你：你长这么大，能够轻轻松松地飞上天吗？

鹈鹕先生，我问你：你的嘴巴

这么大，不觉得太累赘吗？

鹈鹕先生，我问你：你嘴巴下面的那个大皮口袋，是用来做什么的呢？

亲爱的鹈鹕先生，请你告诉我这些问题的答案吧。

我是小小科学家

鹈鹕的大嘴巴是最好的抓鱼工具。它游泳的时候，只消张开大嘴巴，就能像用渔网捕鱼一样把鱼一网打尽。

鹈鹕嘴巴下面的大皮口袋里，可以装一大堆鱼虾。不仅可以自己慢慢吃，还能让孩子们钻进去尽情吃，多好哇！

? 学到了什么

▶ 鹈鹕是大型游禽，有一张大嘴巴。和别的鸟相比，它能一下子抓住更多的鱼虾。它还长有一个连着嘴巴的大皮口袋，抓鱼就更加方便了。

回家的 小狗

小狗有脚，老是在树林里跑来跑去。小树的脚就是它的根，插进泥土里，动也不能动一下，真羡慕小狗哇。

小狗安慰它："别难过，我每天都来陪你！"

小树和小狗成了好朋友，它们一天也不能离开自己的朋友。

有一天，小狗没来，小树十分想念它。

它问老树爷爷："为什么小狗今天没有来，它是不是被大狮子吃掉了？"

老树爷爷说："放心吧，咱们这儿没有狮子。没准儿它有事不能来，你等一等吧！"

第二天，还是没有看到小狗的影子。

小树问老树爷爷："它是不是生病了？"

想一想 猜一猜

- 狗很聪明，不会迷路。
- 狗的记忆力特别好，不会迷路。
- 狗是人类的好朋友。就算迷路了，也会有人给它指路。
- 狗的鼻子特别灵敏，能够闻着气味跑回家。
- 狗带着地图，怎么会迷路呢？
- 迷路了，可以向警察叔叔问路。

老树爷爷说："不会的，它的精神可好啦。你慢慢等着吧！"

第三天，小狗还是没有来。

小树急了，问老树爷爷："它会不会迷路了，找不到这个地方了？"

我是小小科学家

谁听说过狗迷路？倒是常常听到狗从很远很远的地方找回家的神奇故事。

为什么狗不会迷路？主要有以下几个原因。

它的记忆力特别好，记得走过的路。

它的嗅觉非常灵敏，常常在拐弯的地方撒一泡尿。它闻着自己的尿味，就不会迷路了。

它的肌肉很发达，不仅跑得快，体力也不错，可以长时间行走，慢慢找回自己的家。

狗还有许多其他的本领和优秀的品质。

狗是人类的好朋友。它对主人忠心耿耿，从不嫌贫爱富。它可以看家护院，可以参与打猎，还可以帮助主人做许多事情。

狗很聪明。在马戏团里，经过训练的狗能表演许多有趣的节目，有些狗还能"做算术题"呢。

老树爷爷说："狗绝对不会迷路的。"

为什么狗不会迷路呢？小树想破了脑袋也想不明白。

？ 学到了什么

▶ 狗不会迷路，它非常忠诚、勇敢，是人类的好朋友。

为癞蛤蟆叫好

《哇啦哇啦报》消息，信不信由你

"呱呱——呱呱——"

夏天的晚上，池塘里传来一阵阵青蛙的叫声，好像在开联欢会，真热闹哇。

"呱呱——呱呱——"

青蛙们张开大嘴巴，一个比一个叫得响亮，好像是在比赛唱歌呢。

想一想 猜一猜

- 这只老青蛙太老了，眼睛看不清楚，所以就随口乱说。
- 可能老青蛙的审美观和别的青蛙不同吧！
- 是不是老青蛙认识那只癞蛤蟆，为了不让它难过才这样说。
- 说不定老青蛙的意思是在说，癞蛤蟆的心灵很美呢！

"呱呱——呱呱——"

青蛙们越唱越高兴，唱得月儿低下了头，星星欢喜得直眨眼睛。池塘边的柳条轻轻摇摆，和着歌声的节拍跳起了舞。

青蛙们正高高兴兴地唱着，忽然不知道从哪个角落里冒出来一只癞蛤蟆。月光照着它，只见它背上都是疙瘩，模样真难看。

青蛙们都用奇怪的眼神看着它。有的撇着嘴，打从心眼儿里就瞧不起它。有的大声说："你这个丑八怪，到这儿来干什么？快走开！"

癞蛤蟆在黑暗的角落里躲了很久，非常羡慕快乐的青蛙们。它本来也想参加这个联欢会，想不到刚刚钻出来就被嘲笑一通，心里难过极了。

正当大家要把它赶走的时候，

我是小小科学家

癞蛤蟆就是蟾蜍。它皮肤粗糙，背部长满了大大小小的疙瘩，外表的确很丑。

可是老青蛙说得没错，癞蛤蟆其实也是很美的。不过，这不是指外表，而是指内在。

这是为什么呢？

因为癞蛤蟆和青蛙一样，都会捉害虫。单凭这一点，你难道能说它不美吗？所以我们一定要好好保护癞蛤蟆，不可以欺负它。

一只老青蛙走出来说："别欺负癞蛤蟆，你们说它丑，其实它也很美呀。"

大家觉得非常奇怪。癞蛤蟆明明很丑，为什么说它很美呢？

？ 学到了什么

▶ 癞蛤蟆会捉害虫，对人类有很大的贡献。

蜜蜂的舞蹈语言

上的任何舞台都好。

太阳公公的脾气似乎也特别好，露出红彤彤的面孔，散发出金灿灿的亮光，高高地挂在天空中，看着空中的表演，

春天来了，太阳出来了，天气真暖和呀。在这样美好的日子里，会飞的小动物都想在空中舞台露一手。

它们表演什么呢？

跳舞哇！空中舞台很大很大，可以让大家尽情展示自己拿手的节目。空中舞台很高很高，在高高的空中跳舞，谁都可以看见，比世界

想一想 猜一猜

- 蜜蜂会做算术题，它的"8字舞"就是一道算术题。

- 蜜蜂在空中飞舞，是为了告诉开车的人，前面有一条弯弯曲曲的8字形山路。

- 其实蜜蜂的"8字舞"并没有什么特殊的意思。

给表演者打分。

花蝴蝶第一个出场，它轻轻地扇动着翅膀，迎着太阳光飞上飞下，表演着迷人的舞蹈，谁看了都叫好。

绿蜻蜓接着出场，它像小飞机一样冲上天空，又慢慢地降下来，展示着高超的飞行技术。大家看了，都兴高采烈地鼓掌。

小蜜蜂最后飞上场，它一边嗡嗡叫一边转圈，在空中划出了一个美妙的 8 字形，舞姿既轻盈又优美。

所有的节目都演完了，谁是第一名呢？

花蝴蝶吗？

太阳公公摇了摇头，说："花蝴蝶的舞蹈虽然很好看，却没有什么意义。"

绿蜻蜓吗？

太阳公公也摇了摇头，说："绿蜻蜓的飞行技术虽然很高超，但也没有特殊的意义。"

小蜜蜂吗？

太阳公公点点头，说："小蜜

我是小小科学家

蜜蜂有一套特殊的舞蹈语言。当蜜蜂侦察兵找到花蜜后，就会在空中跳起这种奇妙的"8字舞"，招呼大家跟它一起去采蜜。太阳公公说得对，蜜蜂的舞蹈包含着特殊的意义。

请注意，蜜蜂也有"方言"。不同地方的蜜蜂其舞蹈语言也不同。除了这种常见的"8字舞"，在意大利一些地方的蜜蜂还会跳"圆圈舞"和"镰刀舞"呢。如果中国的蜜蜂飞到那里去，就看不懂这种"外国话"了。

蜂的舞蹈有特殊的意义，应该获得冠军。"

小蜜蜂的舞蹈有什么意义，你知道吗？

? 学到了什么

▶ 蜜蜂能够用舞蹈动作传递消息，告诉同伴自己找到了花蜜。

"玉米保护神"——赤眼蜂

《哇啦哇啦报》消息，信不信由你

茂盛的玉米地里，一丛丛绿油油的玉米叶迎风招展，玉米秧的长势非常好，看样子今年准会大丰收。

真是这样的吗？才不是呢。细心的小朋友如果把玉米秧的叶子翻过来看一看准会吓一跳。

瞧！叶子背面的叶脉两边，密密麻麻地布满了小小的虫卵。有白色的、黄色的，还有黑褐色的，看上去真让人感到恶心。

这是什么虫卵，为什么会悄悄地落在玉米叶的背面？原来这是玉米螟的虫卵。不消说，这是专门吃玉米的害虫，对玉米没有半点儿好处。一旦这些虫卵孵化成淡黄色的玉米螟，就会飞来飞去，贪婪地吸食玉米秧身上的养分，使玉米产量减少，甚至死亡。

该怎么对付它呢？用农药吗？

不，聪明的农民伯伯有办法，

想一想 猜一猜

- 赤眼蜂成群结队地出现，才能镇住玉米螟。

- 玉米螟可能是一种很怕痒的虫子，忍受不了其他小东西在自己身上爬。

- 玉米螟很讨厌赤眼蜂的气味，赤眼蜂一到，玉米螟只好逃之夭夭了。

- 赤眼蜂行动快，能在玉米螟行动之前，就把它们的食物吃个精光。

- 赤眼蜂有好办法，先把玉米的虫卵吃掉，这样玉米螟就不能正常孵化了。

我是小小科学家

赤眼蜂的个头儿小，一对一地和玉米螟对抗，肯定打不过玉米螟。它就想出一条妙计，干脆不等玉米螟孵化出来就干掉它。赤眼蜂是一种寄生性昆虫，把卵产在玉米螟的虫卵里，以玉米螟的卵作为食物，玉米螟的卵吃光了，赤眼蜂也就长大了。这样一来，不仅消灭了玉米螟，赤眼蜂还繁育了后代，真是一举两得的好办法。

来了一招"以虫治虫"。只要请来一位神秘的嘉宾，就可以消灭讨厌的玉米螟啦。

这位神秘的嘉宾就是玉米的保护神——赤眼蜂。别瞧它只有玉米螟的十分之一大，肉眼几乎很难看清楚它的样子，可它却是玉米螟的克星。

赤眼蜂真的能制服比自己大得多的玉米螟吗？

？ 学到了什么

▶ 赤眼蜂在玉米螟的虫卵里产卵，不等玉米螟孵化出来就消灭了它们，是农民伯伯的好帮手。这种对付玉米螟的办法不会产生农药污染，吃进肚子里的玉米也不会使人生病。赤眼蜂就是玉米的"天然农药"。

胖墩墩的 半截鱼

《哇啦哇啦报》消息，信不信由你

2006 年夏天，在英国的海边发生了一件怪事。

什么事情这么奇怪？原来不知道从哪儿钻出来一群怪鱼，大摇大摆地闯到了海岸边。这些鱼的样子非常古怪，个头儿特别大，模样也特别稀奇。乍一看，活像被人剁掉了后半截身子，只剩下一个大胖脑袋，晃晃悠悠地从海里游过来。海滩上的一些游客吓得惊声尖叫，以为是鱼的鬼魂出现了。

为什么它们只有半截身子？在人们心里，这成了一个不解之谜。

 **想一想
猜一猜**

- 它是从龙王爷的厨房里逃出来的，逃出来前被厨师剁掉了半截身子。
- 它是被鲨鱼咬掉了半截身子。
- 它本来就长成这个样子。

 我是小小科学家

是什么鱼引起了这么大的轰动？

原来这是一群稀奇古怪的翻车鱼，它们不仅个头儿特别大，模样也特别怪，活像被剁掉了后半截身子，只剩下一个大脑袋，慢慢摆动着在海水里游动。

翻车鱼生活在大洋深处，平时很少游到海岸边。

翻车鱼还有其他的名字。因为它好像被人削掉了一半身体，只留下前半截，根本就没有尾巴，所以大家干脆叫它头鱼。因为它常常在海面上晒太阳，所以又叫太阳鱼。"翻车鱼"这个名字，也和它喜欢翻着身子躺在海面上有关系。

为什么它喜欢平躺在海面上？有人说，这是为了使身体温暖，帮助消化。有人说，这是为了让小鱼和海鸟啄食它身上的寄生虫，要不，身子痒得多难受。不管怎么说，都表明了它喜欢翻着身子在海上漂浮的习惯。

翻车鱼的个头儿很大。一般有1米多长，大的可以达到约5.5米长、2吨重，是世界上最大的硬骨鱼。

翻车鱼的身子扁扁的，近似于椭圆形，背鳍高高地竖起，露出水面，不停地来回摆动，像风帆一样。它常常在海面下伸出臀鳍，使劲拨动着海水。背鳍和臀鳍就是它游泳的工具。

它的游泳姿势很奇怪，老是竖着半截身子慢慢游。它游得很慢，只能顺着海水漂流，才能游到很远的地方去。

翻车鱼吃的是随波逐流的浮游生物、海藻、软体动物、水母和一些小鱼。它的眼睛和嘴巴都很小，牙齿退化成了整块的牙板，只要游进众多的浮游生物群里，不用费多大的力气，只消张开吸管似的樱桃小嘴，就能呼噜呼噜吸进许多食物了。浮游生物非常微小，翻车鱼用不着东看西看找东西吃，也不用牙齿咀嚼食物，时间久了眼睛变得很小，牙齿也慢慢退化了。

翻车鱼动作慢吞吞的，又没有锋利的牙齿，遇着凶恶的敌人怎么办？

唉，那就只好听天由命了，因为它实在没有别的本领，只有一身厚厚的皮，敌人就算逮着它也咬不动，没准儿就会放过它。加上它繁殖得很快，每次能产很多枚卵，哪怕只有很少的一部分能活下来，也可以继续繁衍种群。

? 学到了什么

▶ 翻车鱼个头儿大，眼睛小，嘴巴小，皮很厚，好像只有半截身子，喜欢平躺在海面上晒太阳。

孔雀开屏的秘密

《哇啦哇啦报》消息，信不信由你

孔雀是最爱美的鸟。瞧，它披着华丽的羽毛在草地上走来走去，多么好看哪！小兔子从它身旁路过，孔雀连看都没看它一眼。

小兔子看着孔雀，羡慕得要命。它问妈妈："为什么我们兔子只有白的、灰的、黑的、黄的，却没有五颜六色的？"

> **想一想　猜一猜**
>
> - 孔雀开屏就是和别人比美。
> - 孔雀开屏是在展示舞姿呀。你看舞蹈家跳的《孔雀舞》，就是这样的。
> - 孔雀开屏是孔雀先生向孔雀小姐表达爱意的方式。
> - 孔雀开屏是为了吓唬别人。

妈妈告诉它："没有办法呀，咱们兔子就长成这个样子。如果变成花里胡哨的样子，老远就会被狐狸看见，那可就危险啦。"

话虽然这样说，但小兔子还是有些想不通。整天耷拉着脑袋，一丁点儿精神也打不起来。

树上的乌鸦问它："喂，你为什么不高兴？"

小兔子说："我想变得像孔雀一样漂亮。"

乌鸦说："这还不容易吗，穿一件花衣服不就得了。你看我，老是披着一身黑袍子，人人都不喜欢我。如果我换上一件好看的衣服，说不定别人就把我当成喜鹊啦。"

哦，想不到问题这么简单。小兔子连忙跑进百货公司，高高兴兴地买了一件花衣服，穿在身上去找

我是小小科学家

孔雀开屏是为了和别人比美吗？才不是呢。原来这是它遇到危险的时候，用来吓唬敌人的举动。孔雀的尾羽特别长、特别鲜艳，忽地一下张开，会把人吓一跳，也使人大开眼界。

为什么它看见别人穿着鲜艳的衣服在它面前走来走去，就会开屏呢？因为它认为这是别人在向它宣战，所以它也会开屏示威。这就好像公牛瞧见红布，会猛地冲上去一样。

孔雀开屏还有另外一个意思，就是向其爱慕的对象求爱。不过不是孔雀小姐向孔雀先生表示自己的心意，而是孔雀先生向孔雀小姐表达爱意。姑娘即使爱上一个小伙子，一般也不会主动表露出来。看来孔雀也是一样的呀！

孔雀。

它得意扬扬地对孔雀说："你别臭美啦。我的花衣服一点儿也不比你的差。"

话还没有说完，孔雀一下子张开尾巴上的长羽毛，好像一把五光十色的花扇子，既神奇又鲜艳。小兔子的花衣服根本就不能与之相比。

孔雀神气活现地说："哼，想和我比美，没门儿！"

? 学到了什么

▶ 孔雀开屏一方面是为了吓唬敌人，另一方面是雄孔雀向雌孔雀示爱的方式。

跳舞的眼镜蛇

《哇啦哇啦报》消息，信不信由你

眼镜蛇是动物世界的舞蹈明星。

你看它，平时盘在地上动也不动一下。一听见驯蛇人吹响了笛子，它就立刻立起身子，脖子绷得胀鼓鼓的，朝着笛声传来的方向张望。

一个驯蛇人靠着墙，盘腿坐在地上，"呜——呜——呜——"吹着笛子，曲调非常好听。他边吹笛子边对着眼镜蛇轻轻摇晃着身子，好像在逗它，叫它赶快跳舞。

眼镜蛇真的跳起舞来了。它随着悠扬的笛声，身子立得很高，在驯蛇人面前摇摇摆摆地跳舞。笛声越来越响亮，它也越跳越带劲。

看哪，驯蛇人拿着笛子朝左边动一动，它跟着往左边扭动；驯蛇人朝右边动一动，它也跟着往右边摇晃，好像真的在跳舞呢。

跳舞的眼镜蛇吸引了许多人来看它表演，大家看得真高兴。

想一想 猜一猜

- 这条眼镜蛇天生就懂音乐，喜欢跳舞。
- 眼镜蛇不懂音乐，这是驯蛇人训练的。
- 眼镜蛇只想咬人，才不是跳舞呢。

我是小小科学家

眼镜蛇根本就不懂音乐，听觉也不好，不会跟随音乐起舞，是一个"冒牌舞蹈家"。

它不懂音乐，怎么会随着笛子的声音摇摆呢？

噢，这根本就不是跳舞，而是一种本能的反应。它瞧见驯蛇人在它的面前来回摇晃身子就生气，想扑上去咬一口。为了稳住立起的身子，必须来回摇晃。为了防备想象中的敌人进攻，或者随时准备出击，便不停地晃动着身体。眼镜蛇用这种方法来警告对方：别招惹我，小心我咬你！

啊，围观的人们这才想起，眼镜蛇是可怕的毒蛇，可别被它咬着了。驯蛇人的胆子也太大了，他不怕被咬吗？

放心吧，为了防备毒蛇咬人，驯蛇人早就把用来表演的眼镜蛇的毒牙拔掉了。

? 学到了什么

▶ 眼镜蛇不会跳舞。它瞧见有人在面前摇晃，就立起身子准备攻击。如果不是拔掉毒牙的眼镜蛇，千万别招惹它。

"森林医生"——啄木鸟

《哇啦哇啦报》消息，信不信由你

笃笃——笃笃——
是谁在树上敲？
笃笃——笃笃——
一下又一下，敲得那样响。
啊，原来是啄木鸟先生，用嘴啄树木的声音。

笃笃——笃笃——

想一想 猜一猜

- 啄木鸟的脚很大，能抓住树干。
- 啄木鸟小时候练过平衡木，平衡能力很好。
- 啄木鸟的嘴很长，扎进树干里，就不会掉下来了。

啄木鸟先生还在不停地敲打着。它是不是没事干了，整天都在啄树木，不累吗？

哦，原来它是"森林医生"，正在给那些生病的树"治病"呢。

啄木鸟先生怎么给树治病？是不是像真正的医生一样，在病人身上轻轻地敲打，用听诊器检查？

这话说对了一大半。它的确是凭着一阵阵敲打来发现树的病情。可是它没有听诊器，用的是自己坚硬的嘴。啄木鸟先生是很有经验的医生，仔细听着自己敲打的声音，如果树干里有虫蛀的空洞，发出的声音就不一样。这时候，它就会伸出嘴，毫不客气地把藏在树干里的害虫一只只叨出来，吞进肚里。

笃笃——笃笃——

啄木鸟先生已经在树上站了整整一天了。它垂直地站在树上，不会掉下来吗？

? 学到了什么

▶ 啄木鸟能捉害虫给树治病。它的脚趾和尾羽很特别，能令它垂直地站在树干上，不会掉下来。

✎ 我是小小科学家

啄木鸟确实能站在树干上帮树捉虫子。

啄木鸟长着又粗又短很特别的后肢，它们又粗又短，而且非常有力，尤其是脚趾。一般鸟类是三趾向前，一趾向后长的，可是啄木鸟是两趾向前，两趾向后，趾尖还长着尖尖的钩爪。这样的脚趾，使啄木鸟抓起树干来十分牢固。

啄木鸟的尾羽很强韧，羽轴特别粗硬，富有弹性，像一根钢条一样贯穿在尾羽的中部。这种特别的尾羽分作两部分，在整个尾部末端形成分叉。啄木鸟工作时，两脚抓住树干表面，构成了杠杆的两个力点；尾末端的尾叉构成杠杆的两个支点，这样用力凿树木的头部，就可以毫无顾虑地工作了。

啄木鸟身上的这种特殊"装备"，令它在树干上活动时就像在平地上走路一样自如，就算是要费很大的力气打树洞、凿树皮，也没有问题。

不仅如此，啄木鸟能沿着垂直的树干很快地向上爬，也能跳着向后退，还能往左侧和右侧爬，只是比向上和向下的速度慢一点儿而已。

爱搓脚的苍蝇

《哇啦哇啦报》消息，信不信由你

昨天晚上我忘记将饼干盒子盖好。第二天早上起来一看，简直气坏了。

唉，一群苍蝇围着饼干嗡嗡地飞。好几只苍蝇在饼干上面爬上爬下，有的飞起来又落下去，想不到我的早餐竟然变成了它们的。你说，气人不气人。

再一看，有的苍蝇站在饼干上，还不停地搓着两只前脚。好像它的脚很脏，想把脚上的脏东西使劲搓下来似的。

这是怎么回事？苍蝇偷吃东西可以理解，为什么它老是搓脚呢？

想一想 猜一猜

- 这就像有些小朋友喜欢玩扳手指一样，搓脚是苍蝇的小动作呀。

- 苍蝇怕人类发现自己在偷吃东西，所以很紧张，就不停地搓脚。

- 苍蝇很爱干净，不喜欢食物沾在自己的脚上。

- 苍蝇把脚上的食物打扫干净以后才能飞得更快。

- 苍蝇之间每天都在与同伴进行搓脚比赛，看谁搓得最快。

我是小小科学家

说起来恐怕谁也不相信，苍蝇很爱干净。它不喜欢任何食物残渣或者别的脏东西沾在自己的脚上，这和它们平时给人的印象不相符。

　　苍蝇不就是喜欢在又脏又臭的环境中生活吗？说它们脏一点儿也不过分。可为什么说它们爱干净呢？告诉你一个令人吃惊的消息，苍蝇的味觉器官长在脚上。苍蝇有一些对气味特别敏感的细胞，这些细胞小得很难用肉眼看到，必须借助功能强大的显微镜才能看清楚。你们可以把飘浮在四周空气中的各种气味想象成一个个小小的球，当小球接触到苍蝇的脚时，苍蝇就"闻"到气味了。当然，苍蝇如果直接接触食物，气味也能通过脚被感觉到。贪吃的苍蝇看见食物或者脏东西时，总要飞过去停留一下，用脚"闻闻"东西的味道如何。这样一来，苍蝇的脚上就很容易沾上东西，不但会把它们的味觉器官"堵"住，而且还不利于飞行。所以苍蝇必须不断搓脚来保持它的"味觉器官"畅通。

? 学到了什么

▶　苍蝇搓脚是为了保持自己的味觉器官畅通。

▶　之所以说苍蝇脏，是因为它们常在粪便之类的脏东西上停留。

放羊的白鹤

《哇啦哇啦报》消息，信不信由你

谁都知道牧羊犬会放羊。请问，还有什么动物也会放羊？

信不信由你，有一只白鹤也会放羊。

这是一个真实的故事，发生在俄罗斯。据说，一个好心肠的牧羊人，有一天赶着羊群来到一片青草地上，忽然发现一只白鹤的翅膀受了伤，不能跟随自己的伙伴飞上天空，孤零零地留在了这里。它瞧见牧羊人便不停地叫，真是可怜极了。

好心的牧羊人可怜它，就把它带回了家，还给它取了一个名字叫

想一想 猜一猜

- 这只白鹤很聪明，学会了放羊。
- 这只白鹤讲义气，帮助牧羊人放羊。
- 这只白鹤是仙女变的，所以会放羊。

我是小小科学家

鹤很聪明，也很重感情，每天跟随着牧羊人，就慢慢地学会了放羊。

鹤真的很聪明吗？

是呀！当鹤群晚上在野外休息的时候，会派一只鹤专门负责放哨。一旦发现敌人，就立刻叫醒大家。

鹤真的重感情吗？

当然了。它们对爱情非常忠诚。如果一只鹤的伴侣死了，它就再也不会寻找新的伴侣，宁愿做孤鹤，至死也不改变。此外，它们对饲养自己的主人也很忠心。

若拉和自己的救命恩人生活在一起，谁也离不了谁，慢慢地学会了放羊，一点儿也不奇怪。

作若拉，并像对待自己的孩子一样爱护它。

在牧羊人的精心照料下，若拉一天天好了起来，并且与牧羊人产生了很深的感情，甚至看见天空中飞来召唤它的鹤群，也不愿意离开。

它留在牧羊人的家里，没有什么事情做，就帮他去放羊了。每天牧羊人把羊群带出去，若拉就忠心耿耿地守在旁边。若拉飞在高高的天上，能看见的范围很广。它看见有羊跑远了，就会扇动着翅膀追上去，把羊赶回来。如果有羊迷路了，若拉也会把它带回家。

？学到了什么

▶ 鹤是一种很聪明、也很重感情的鸟。

原野上的土柱子

《哇啦哇啦报》消息，信不信由你

看哪，原野上高高地耸起一根根黄色的土柱子，有的长、有的短，有的粗、有的细，有的上下一样粗，有的下面很粗、上面却很细，不知道是什么东西。

小妹妹看了又看，问小弟弟："这会不会是古代房子里的柱子？"

小弟弟说："说不准，也可能是房子塌了，只留下了这些柱子。"

小妹妹越看越稀奇，又问："房屋的柱子都是木制的，为什么这些柱子是泥制的呢？"

小弟弟搔着头皮想了一下，猜道："没准儿因为时间太久，木制的柱子被风化后才变成这个样子的。"

小妹妹还是不明白，说道："木头风化也不会变成泥土哇！"

是呀，她说得对。小弟弟想来想去，实在想不出原因了，只好说："咱们来挖挖看吧。如果能挖出一些文物，就清楚是怎么回事了。"

两个孩子卷起袖子就动手挖了起来，满以为可以挖出古人留下的文物，想不到一下子挖出来许多白蚁，有的往外爬、有的往外飞。有的落在了小妹妹的手上，吓得她哇哇大叫。有的爬到小弟弟身上咬了他一口，也把他吓坏了。

想一想 猜一猜

- 他说对了。白蚁能够蛀坏木头，这些就是古代的柱子。

- 不对，不管怎么说，木头也不会变成泥土。这可能是原始时期的泥巴屋吧？

- 这根本就不是房屋的遗迹，而是白蚁窝。

我是小小科学家

最后一个答案是对的，这是白蚁窝。

白蚁和蚂蚁一样，也过着群居生活。不同的是蚂蚁窝在地下，白蚁窝一部分在地下、一部分在地上，上下连接在一起，好像是一座有地下室的大厦。这些柱子似的白蚁窝经得起风吹雨打，算得上是了不起的"建筑奇迹"。

白蚁和蚂蚁还有一些不一样的地方。白蚁有翅膀能飞，而蚂蚁没有翅膀不能飞。你见过成群结队满天飞的小蚂蚁吗？

白蚁和蚂蚁还有不同之处吗？

有哇！蚂蚁老老实实地干自己的事情，白蚁会蛀坏房屋和别的东西，是害虫。

为什么没有挖出古代文物，却挖出了一大堆白蚁？

小弟弟拍了拍脑袋，说："我知道啦。准是白蚁蛀坏了这些木头柱子，柱子才变成这个样子的。"

? 学到了什么

▶ 白蚁能够蛀坏房屋。它们的窝就像是一根根土柱子。

长跑好手——鸵鸟

《哇啦哇啦报》消息，信不信由你

天上飞着一只鸟，很小很小。

地上跑着一只鸟，很大很大。

天上飞的是麻雀小姐，地上跑的是鸵鸟太太。

麻雀小姐问鸵鸟太太："喂，你是谁？"

鸵鸟太太说："我是鸵鸟！"

麻雀小姐感到很奇怪，好奇地问它："你真的是鸟吗？"

鸵鸟太太说："我有翅膀，谁敢说我不是鸟？"

说着，它就张开了翅膀。它的翅膀不仅比麻雀的翅膀大得多，甚至比老鹰的翅膀还要大。

想一想
猜一猜

- 它有翅膀，当然是鸟。
- 它不会飞，当然不是鸟。
- 它能下蛋，当然是鸟。
- 它用两只脚飞跑，当然不是鸟。

麻雀小姐又问："你有翅膀，为什么不在天上飞？"

鸵鸟太太说："翅膀用来扇风不好吗，干吗非得用来飞？"

麻雀小姐撇了撇嘴，说："得了，你别骗人了。不会飞的鸟算什么鸟，你就是一个冒牌货。"

听了它的话，鸵鸟太太气坏了，本想追上去教训它一下——可惜自己不能飞。

前面跑着一个动物，很大很大。

后面跟着一个动物，很小很小。

前面跑的是鸵鸟太太，后面跟着慢慢爬的是老乌龟博士。

老乌龟博士问鸵鸟太太："你是一匹马，还是一只鹿？要不，怎么跑得那么快？"

鸵鸟太太说："我是鸟，不是马，也不是鹿。"

老乌龟博士说："你说你是鸟，有什么证据？"

鸵鸟太太说："我会下蛋。马和鹿能下蛋吗？"

说着，它就蹲下来，像母鸡一样，下了一个很大的蛋。

老乌龟博士看了又看，更加觉

我是小小科学家

最高的鸵鸟能长到2.75米，姚明也不能和它相比。鸵鸟的体重约有155千克，是世界上最大的鸟。

鸵鸟的翅膀虽然很大，却不能飞。它的翅膀是在疾跑的时候用来平衡身体的。它周身长满了羽毛，可以用来保暖，就好像穿着一件羽绒服。

鸵鸟的两条腿又长又有力，一步可以跨7~8米，一下子可以跳3.5米高。虽然它不会飞，只能依靠两条腿行动，但却跑得很快，时速大约可以达到60千米，以这样的速度连续跑半个小时也不累。

得奇怪，自言自语地说："哟，真奇怪呀！一匹'两脚马'，居然下了一个大鸡蛋。"

唉，遇到这个老古董，鸵鸟太太真是说不清了。它没法儿证明自己是一只鸟，反倒被说成是"下蛋的两脚马"，简直被气破了肚皮。

？学到了什么

▶ 鸵鸟不会飞，行动全靠两条腿，是赛跑好手。

"长命猫"

《哇啦哇啦报》消息，信不信由你

小云在很久以前就听说猫有九条命，直到九条命全部用完，猫才会死掉。

一天，小云放假回家，看见自己家的小猫咪在厨房里转悠，好像在找吃的。小云没有在意，就打开电视看起了她喜欢的动画片。

看动画片的时候，小云突然发现有一个黑影从厨房的阳台上掉了下去，这把她吓了一跳，这可是15楼哇！猫咪掉下去可怎么办！

小云慌里慌张地跑到厨房里。哎呀，不好！小猫咪为了偷吃阳台上鱼缸里的金鱼，不小心掉下去了。

小云连忙向楼下跑去。一边跑一边想，小猫咪这次肯定没命了。一想到再也看不见活蹦乱跳的小猫咪，小云心里很难过。

她跑下楼一看，几乎不敢相信自己的眼睛。只见小猫咪不仅没有摔死，还悠闲地坐在地上舔着自己的爪子，仿佛什么事情也没有发生似的。

小云惊呆了，感到既高兴又奇怪。抱起小猫咪仔细检查，想不到它一点儿也没有受伤。

她想起了奶奶讲的猫有九条命的故事，难道真的是这样吗？

想一想 猜一猜

- 这绝对不可能。不管是什么动物，从那么高的地方掉下来，肯定会摔死。
- 这只猫的运气太好了。
- 也许是真的，猫可能有特异功能！

我是小小科学家

为什么猫从那么高的地方掉下来不会摔死呢？

这就与猫有发达的平衡系统和完善的机体保护机制有关了。

知道吗，当猫从空中坠落时，哪怕它一开始是背朝下、四脚朝天的，但在下落的过程中，它总是能迅速地转过身子。当它接近地面的时候，前肢已做好着陆的准备了。

猫的脚趾和其他动物不一样，上面有厚实的肉垫，落地的时候能大大地减轻震动对身体的损伤了。

猫的尾巴也是一个平衡器官，可以使身体保持平衡，使它不会因为失去平衡而摔死。

不过，这也不能说明猫真的有九条命。

学到了什么

▶ 猫的脚上长有很厚的肉垫，除此之外，它还长有能够帮它保持平衡的尾巴和发达的四肢。

▶ 一般来说，猫从高空中掉下来不会摔死，但是猫有九条命是不可信的。我们要爱护动物，比如猫咪。

贼鸥 强盗

《哇啦哇啦报》消息，信不信由你

南极的冰海上，白茫茫一片。铺满冰雪的海岸上只有一群企鹅，有的在孵蛋，有的摇摇晃晃地慢慢散着步，还有的站成一排，呆呆地望着面前的冰海出神，都没有注意头顶上的险情。

寒风凛冽的空中有一群鸟在企鹅的头顶上飞来飞去，不知道它们到底想干什么。

这些鸟是什么样子的？

想一想 猜一猜

- 这是童话故事吧？世界上的鸟都是很善良的。
- 是不是这种鸟饿坏了，没有办法了才吃企鹅蛋。
- 因为企鹅也吃它们的蛋，这种鸟是为了报仇才吃企鹅蛋。

它们的个头儿和企鹅差不多，相貌却不大一样。它们披着褐色的羽毛，只在翅膀尖儿上才有一丁点儿白色的羽毛。它们的眼珠骨碌碌地转动着，看起来十分凶狠。它们长有一双矫健有力的翅膀，飞行的本领非常高超，好像俯冲的轰炸机似的，能够从天空中一下子冲下来，抢夺别人的东西。

这是什么鸟？南极大陆的鸟本来就不多，很容易辨认出它们。它们是这里特有的贼鸥。

快看，天上有一只贼鸥趁一对企鹅不留神，从高空中猛冲下来，把一个企鹅蛋戳了一个大窟窿，美滋滋地享用起来。企鹅爸爸和企鹅妈妈远远地看见了，连忙一摇一摆地赶过来。可这时贼鸥已经吃完飞走了。企鹅爸爸和企鹅妈妈虽然很生气，却拿它一点儿办法也没有。

看着已经破掉了的蛋，企鹅爸爸和企鹅妈妈心疼极了，只能对着它的背影愤怒地叫喊。

天哪，世界上怎么会有这么坏的鸟？居然忍心吃企鹅蛋，它们难道不知道企鹅爸爸和企鹅妈妈会伤心吗？

 ## 我是小小科学家

贼鸥是一种"强盗海鸥"，最喜欢偷吃企鹅蛋，也是企鹅宝宝的天敌。

呵，只听这个名字，就知道它不是什么好东西。贼鸥是一种好吃懒做的鸟，喜欢不劳而获。它从来不自己动手筑巢，而是把其他鸟赶走，像强盗一样把别人的巢据为己有。不仅如此，它还会从别的鸟的嘴巴里抢夺食物，以填饱肚子。

贼鸥是企鹅的头号敌人。每到小企鹅要破壳而出的季节，贼鸥就在一旁守候，等着偷吃企鹅蛋和毫无反击能力的小企鹅。只要成年企鹅稍不注意，贼鸥就开始干坏事。

贼鸥不挑食，只要是能填饱肚子的东西，它统统不嫌弃。鱼、鸟蛋、幼鸟、海豹的尸体，甚至鸟兽的粪便，都是它的食物。

？学到了什么

▶ 贼鸥从来不自己动手筑巢，而是经常侵占别的鸟的巢穴。

▶ 贼鸥生活在南极，喜欢吃企鹅蛋，攻击小企鹅。

▶ 贼鸥一点儿也不挑食，连动物的尸体和粪便都不放过。

▶ 贼鸥的飞行技术非常高超。

大嗓门儿的 小猴子

《哇啦哇啦报》消息，信不信由你

小白兔和小灰兔被狐狸追赶，慌里慌张地钻进了森林里，忽然听见远处传来了吼叫声，声音很大，整个森林都能听见。两只兔子吓得连忙躲到了大树后面，大气也不敢出一下。

小白兔吓得心脏怦怦直跳，悄悄地问小灰兔："前面也有狐狸吗？"

小灰兔听了一下，说："这不是狐狸的叫声。"

想一想 猜一猜

- 这只小猴子的嘴巴里藏着一个扩音器，所以叫声特别大。
- 这是森林的回声，是声音被放大了。
- 没准儿这是一种大嗓门儿的猴子，叫声本来就很大。

小白兔又问："是不是大灰狼？"

小灰兔摇头，说："也不像是大灰狼的叫声。"

小白兔再猜："是不是大狮子？"

小灰兔说："大狮子的叫声也没有这么大，可能是连狮子都敢吃的妖怪。"

它这么一说，小白兔更害怕了，转身就要跑。可是后面跟着狐狸，它们想跑也没有地方可跑，只好老老实实躲在那里。

一会儿，吼叫声停下来了，可狐狸的叫声越来越近了。两只兔子没有办法，只好硬着头皮往前走。

它们小心翼翼地走了一段路，瞧见了一只小猴子。

小白兔问它："这里有没有吃狮子的妖怪？"

小猴子说："没有哇。"

小灰兔说："这就奇怪了。我

们明明听见了吼叫声。不是妖怪，还会是谁？"

小猴子笑了起来，告诉它们："那是我在叫哇！"

两只兔子不相信，小猴子就放开嗓子大叫一声，两只兔子的魂都快被吓掉了。

 我是小小科学家

这是南美洲的吼猴，个头儿小，叫声大，是有名的大嗓门儿。它们常常成群结队地出现，它们的吼声能传遍森林，显得非常可怕。

为什么吼猴的叫声特别大？

有人说，这是它们在呼唤同伴。森林这么大，猴子没有手机，只能放开了嗓门儿大声叫了。

有人说，这是它们在吓唬敌人。森林里的野兽那么多，一个比一个凶狠。不大声叫一下，要是美洲豹真的冲到面前就不好办啦。

? 学到了什么

▶ 吼猴嗓门儿大，它能用这招儿呼唤伙伴，也能吓唬敌人。

捡房子的 流浪汉

《哇啦哇啦报》消息，信不信由你

这里是哪儿？

这里是南海边。太阳照耀着沙滩，海风慢悠悠地吹着椰子树，发出一阵阵沙沙声。游客们躺在软绵绵的沙滩上，懒洋洋地晒着太阳。

打瞌睡的游客们谁也没有注意到，从沙子里钻出来一个小不点儿，好像不是来度假的，只见它匆匆忙忙地往前爬着，倒像是一个赶路的旅行者。

所有的游客都睡着了，只有一个小娃娃瞧见了它。小娃娃问它："喂，你是谁？"

它说："我是寄居蟹先生。"

小孩又问："你要去哪儿？"

寄居蟹先生回答说："我厌烦了住在一个地方，打算出去旅行。"

小娃娃再问："你是流浪汉吗？"

寄居蟹先生非常满意地说："你说对啦，我是天生的流浪汉。我喜欢到处流浪，不喜欢老是守着一个窝。"

小娃娃接着问："你没有窝，也没有房子，晚上在哪儿睡觉？"

寄居蟹先生说："要房子做什么？想睡觉的时候，随便捡一个就

想一想 猜一猜

- 哈哈，这肯定是一个童话故事，鬼才相信房子可以随便捡。

- 当然可以捡房子，寄居蟹先生就是这样做的嘛。

- 一听寄居蟹这个名字，就知道它是寄住在别人家里，到处租房子住的房客吧？

- 赶快打110报警，它可能是专门抢别人房子的强盗。

我是小小科学家

寄居蟹没有说谎，它真的到处捡"房子"。

寄居蟹是有名的流浪汉，在海滩上到处爬来爬去，从来也没有固定的住处。

晚上睡觉怎么办？

有办法！随便捡一个房子呗。

房子又不是小石子，能捡到吗？

可以呀！寄居蟹先生就是这么干的。

寄居蟹不像螃蟹，倒有些像龙虾。它的身子又长又柔软，没有坚硬的甲壳保护。为了保护自己，它只好在沙滩上捡一个空海螺壳钻进去。沙滩上的空海螺壳多的是，等它长大些，再捡一个大的就是啦。

是啦。"

小娃娃觉得很奇怪，继续问："房子也可以随便捡吗？"

寄居蟹先生说："你真是少见多怪。告诉你的爸爸妈妈，不用买房子，捡一个不好吗？"

？学到了什么

▶ 寄居蟹的肚皮很柔软，可以钻进空海螺壳里，捡"房子"住。

风儿踢草球

《哇啦哇啦报》消息，信不信由你

信不信由你，风儿也喜欢踢足球。

这是真的吗？

当然是真的！

踢足球，得有一个好球场。起伏不平的山地当然不行。河边、海边也不行。可是哪里有大场地呢？

广阔的平原怎么样？

地势平坦的平原当然好。可是

传统的足球场都是草地，平原没有草原好。

地方选定了，风儿就在草原上踢足球。

比赛时间呢？

夏天太热，冬天太冷，春天的风软绵绵，全都不适合，只有秋高气爽的时候最好！

秋风起，草原一天天变黄了。秋风像是一个顽皮的孩子，东冲西闯，得意扬扬。

瞧！它真的在踢足球呢。它把无边无垠的草原当成了绿茵场。一阵风吹来，一个个圆溜溜的球在草地上乱滚。奇怪的是，这些球全都轻飘飘的，风儿一吹，就滚得远远的，有的甚至被风儿卷起来，高高地飞到了天上。

咦，这是什么球？怎么这么轻，颜色还都是黄色的？

想一想 猜一猜

- 这些足球使用的是橡皮内胆，当然轻飘飘的。
- 这是吹胀了的气球。
- 这是新式足球比赛。球多，守门员挡不住，才能进更多的球。不会发生踢了 90 分钟，一个球也没进的情况。这样的比赛才好看！

我是小小科学家

这哪是什么足球，而是秋天草原上的草球呀！

风滚草就是这样的，到了秋天，任凭风将它连根拔起，卷成一团，好像一个个皮球似的遍地乱滚，叽里咕噜滚得很远。因为它很轻，甚至可以被风吹到半空中再落下来，所以可以被风带到很远的地方。

风滚草是草原上有名的"流浪汉"。它就是依靠这种办法，到处传播种子。草球滚到哪里，种子就撒到哪里。一个个随风滚动的草球就像是一台台天然播种机。这可真奇妙哇！

这是什么足球比赛？怎么到处都是球？有的大、有的小，遍地乱滚，看起来和真正的足球比赛有些不一样。

? 学到了什么

▶ 风滚草被风一吹，会形成一个个草球，随风到处翻滚，传播自己的种子。

猴子的"面包"

《哇啦哇啦报》消息，信不信由你

猴子饿了吃什么？

吃果子呀！它们祖祖辈辈都靠吃果子过日子，很少吃别的东西。

一只小猴子说："我吃腻果子了。我也想像人一样吃面包。"

哈哈！哈哈！真是癞蛤蟆想吃天鹅肉。丛林里的猴子哪里有面包吃？

小猴子说："我的要求不高，只是想吃一个面包，还不行吗？"

是呀，这个世界实在太不公平了，为什么城里的孩子可以啃鸡腿、吃汉堡包，小猴子却不可以吃面包？这真的很不公平。

小猴子吃到面包了吗？这得要看它是哪里的猴子了。亚洲猴子和美洲猴子都别想做这个美梦，只有非洲的猴子运气好，真的可以吃"面包"。

想一想 猜一猜

- 非洲的猴子特别聪明，自己会做面包。
- 非洲人心肠好，做了许多面包挂在树上，专门给猴子吃。
- 地面下有面粉。树根吸收了，就能制造面包。
- 一架运面包的飞机迫降时将面包挂在了树上。
- 树上可以结果子，为什么就不能结面包？

为什么非洲的猴子运气这么好呢？因为那里有猴面包树哇！猴子是爬树的高手，只要找到猴面包树，"面包"就多到吃不完啦。

我是小小科学家

在非洲干旱的热带草原上，真有一种"面包树"，叫作波巴布树。因为猴子和狒狒都喜欢吃它的果子，所以又叫猴面包树、猢狲木。

"面包树"的模样很古怪，老远就能看见了。和别的树木相比，它不算高。最高的只有十多米，可是它却特别粗，常常要二三十个人手牵手，才能将它围起来。

"面包树"的树枝也很特别，朝上伸出去的枝枝丫丫看起来很像树根。没有见过它的人，还会以为它摔了个倒栽葱，树根插上了天。

"面包树"的果子有足球那么大，外形很像一个大面包。可是它却和真正的面包不一样。它不是一团烤熟了的面粉，而是正儿八经的水果，味道又甜又香，汁水又多。猴子、猩猩、大象都特别喜欢吃。每到果子成熟的时候，一群群猴子就欢天喜地地爬上树，美滋滋地大吃一通。要不，怎么叫作"猴面包树"呢？

?　学到了什么

▶ 非洲的"面包树"，果实很像面包，又甜又多汁，是猴子很喜欢吃的食物。

爱哭鼻子 的树

《哇啦哇啦报》消息，信不信由你

不知道为什么，小兔子伤心地哭了。

不知道为什么，窗外的一棵"香蕉树"也哭了。

不，这不是香蕉树。它比香蕉树高得多，这里的人叫它雨蕉。

小兔子为什么哭？因为今天天气不好，兔妈妈不让它出去玩。

雨蕉为什么哭？是不是因为它的妈妈也不让它出去玩？

不对，小兔子长着四条腿，可以到处跑。雨蕉没有脚，只能老老实实地站在那里，又怎么会想要出去玩呢？

奇怪，那它为什么要陪着小兔子一起哭呢？

想一想 猜一猜

- 它是小兔子的好朋友。要哭，大家一起哭。
- 哭和笑都能够互相传染。大家笑，它会被逗笑；大家哭，它也会跟着哭。
- 哼，难道只有动物才有感情，才能哭吗？雨蕉要向大家证明植物也会哭。
- 雨蕉挨打了，当然要哭。
- 雨蕉在装哭。
- 没准儿它天生就有这种功能。

我是小小科学家

雨蕉是植物，不是动物，压根儿就没有情感，怎么会像动物一样哭呢？它之所以流眼泪，是有别的原因。

雨蕉怎么哭呢？

它叶尖上的一滴滴水珠流下来，就好像人在流眼泪一样。

雨蕉主要分布在热带地区，在这些长着雨蕉的地区，流传着一句话："要想知道天下不下雨，先看雨蕉哭不哭。"

噢，原来雨蕉哭和下雨有关系。

为什么雨蕉在下雨的时候会流眼泪？原来它的叶子和别的树叶不一样，表皮组织非常细密，全身好像披上了一层防雨布，空气里的水分不能沁进去。加上要下雨的时候，气压低，空气湿度大，植株里的水分不能像平常一样蒸发出去，就会从它宽大的叶面上渗出许多晶莹透亮的水珠，看起来就好像在流眼泪，所以人们又把它叫作"哭泣树"。

雨蕉能够准确预报天气，那里的人们非常喜欢它。家家户户都在门前栽种几棵雨蕉，所以雨蕉又叫"晴雨树"。

? 学到了什么

▶ 雨蕉树哭泣以后，天就会下雨，所以人们便把雨蕉树"流泪"当作要下雨的征兆。

大肚皮的瓶树

《哇啦哇啦报》消息，信不信由你

在澳大利亚的沙漠里，小弟弟和小妹妹走了很远都找不到一口水喝，真难受哇。

他们走哇走，远远地望见荒野里高高地耸立着一个大瓶子。

咦，这是怎么回事？谁在这里放了一个瓶子？它是做什么用的？

小妹妹猜："那是不是一个大花瓶？"

小弟弟说："谁会把花瓶放在

这个荒无人烟的地方。"

说得对！沙漠里既没有人，也没有花，谁会在这里放一个大花瓶呢？

小妹妹的眼珠骨碌一转，脑袋里忽然冒出一个想法，连忙告诉小弟弟："会不会是古时候的人们留下来的东西？"

小弟弟眼睛一亮，心想：如果在这个荒无人烟的地方真的找到了文物，可就是考古史上的一个重大发现哪！

两个孩子激动地朝那个古怪的大瓶子跑去，边跑边猜想那究竟是什么东西。

小妹妹猜："难道这里是一座古代城市？有了这个瓶子，就能够找到被沙漠埋藏的古城。"

小弟弟说："古代人个子不高，不会用这样大的花瓶啊。"

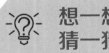

想一想 猜一猜

- 这是巨人留下来的大花瓶。
- 是不是外星人的花瓶？
- 是不是沙漠里特殊的指路标？
- 是不是一种怪树？

我是小小科学家

这是澳大利亚特有的瓶树。一般有好几米高，树干的上段和下段与平常的树木没有差别，树干的中段膨胀得特别大。远远一看，像是大花瓶，所以叫这个名字。因为树干中段膨胀得特别大，上下段部分较细，很像弥勒佛的大肚皮，所以又叫佛肚树，它还有一个名字，叫纺锤树。

为什么瓶树的肚皮特别大？原来里面装满了水，这样才能够适应干旱地区的生活。瓶树好像是一个高大的水罐，可以供沙漠里的过路人解渴。

小妹妹说："童话故事是真的，没准儿这里就是巨人的王国。"

两个孩子越想越起劲，恨不得两步就跑到瓶子跟前，待看清楚后，就向全世界宣布这个伟大的发现。等到他们兴冲冲地跑到跟前一看，却一下子傻了眼。

咦，这是怎么搞的？这哪是什么瓶子，原来是一棵大肚皮的怪树。两个孩子你看看我、我看看你，怀疑自己是不是看花了眼，谁也说不清这是怎么回事。

小弟弟用小刀在它的肚皮上戳了一个洞，大肚皮怪树立刻流出一股水来，咕咚喝下一大口，一下子就解渴了。

? 学到了什么

▶ 为了适应干旱的环境，瓶树在肚皮里藏了许多水，这些水可以供沙漠中的旅行者解渴。

小心喷瓜 "炸弹"

《哇啦哇啦报》消息，信不信由你

小兔子跑进菜地里，看见瓜藤上结着一个"大黄瓜"。

这个"大黄瓜"胀鼓鼓的，浑身长满了白色的小刺，看起来很好吃。

小兔子想：我老是吃青草，也该换一下口味了，不如弄一个瓜来尝尝吧。

它正要去摘这个"大黄瓜"，头顶上忽然传来一个声音："呱、呱、呱，别碰它，危险哪！"

想一想 猜一猜

- 这是生物炸弹。
- 可能里面藏有炸药。
- 可能里面装着弹簧吧？
- 这是一种喜欢恶作剧的顽皮瓜。

咦，是谁在说话？小兔子抬头一看，见树上有一只乌鸦，原来是它在警告自己。

小兔子觉得很奇怪，瓜有什么危险的？

乌鸦说："信不信由你，这是炸弹。"

小兔子想：乌鸦先生为什么说这个"大黄瓜"是炸弹？是不是它想吃，编出来想吓跑我的？

小兔子说："嘻嘻，别骗人了。世界上哪有黄瓜会爆炸的，我才不怕。"

树上的乌鸦急了，扇动着翅膀飞了起来，再一次警告它："这是真的，等你吃了苦头就知道啦。"

小兔子才不相信呢，不管三七二十一，伸手就去摘那个"大黄瓜"。乌鸦见它不听劝告，只好飞远了，生怕"炸弹"爆炸会伤着自己。

我是小小科学家

这不是黄瓜，而是一种罕见的喷瓜。原本生长在地中海沿岸地区，我们很少见着，所以觉得非常稀奇。

它为什么叫这个名字？那是因为它可以喷出一股黏糊糊的液体。

为什么它会喷出这种液体？这是它传播种子的方式。当它成熟的时候，果实里面的黏液和种子混成一团，越来越多，就会将果皮撑得很薄，变得胀鼓鼓的。这个时候千万不能去碰它。如果碰它一下，它就会 "砰" 的一声炸开，喷射出黏液和种子，好像炸弹一样。

说时迟、那时快，小兔子还没有摘下那个 "大黄瓜"，它就 "砰" 的一声裂开了，一股黏黏的液体喷到了小兔子的身上。

啊，想不到这个古怪的 "大黄瓜" 真的爆炸了。

？ 学到了什么

▶ 喷瓜成熟的时候，利用机械力量爆炸，传播自己的种子。

燃烧的 火焰树

小白兔慌里慌张地跑回来，告诉小灰兔："可不得了啦，原野上着火了。"

小灰兔跑出来一看，只见远处的树林果真是红彤彤的，好像熊熊燃烧的火焰。

小灰兔急了，拿起手机就想给消防队打电话。

小白兔说："唉，你也不动脑筋好好想一想，咱们这儿是偏僻的荒野，距离城市和乡村都很远。就算消防车赶来，这里也早就烧成灰了。"

消防车赶不到，怎么办呢？

小白兔说："还磨蹭什么，咱

们赶快去救火呀！"

两只小兔子连忙提着水桶，端着盆子，急急忙忙地赶过去。它们上气不接下气地跑到跟前一看，一下子傻眼了。原来这里好好的，压根儿就没有着火。

想一想 猜一猜

- 的确没有着火，热带的太阳光照射在树上，远远看上去好像是火焰一样。

- 的确没有着火，小兔子将树上的红花错看成火焰了。

 我是小小科学家

这是生长在热带地区的火焰树，树上开满了又多又密的猩红色花朵，远远看去，就好像是燃烧的火焰。

　　火焰树属于常绿乔木，一般有10米高。在开阔的原野上，很远就能看见。它开花的时间很长，一般有好几个月的花期。它的花朵装点着景色单调的原野，成了一道美丽的风景线。

　　火焰树还有一个名字，叫作喷泉树。

　　为什么叫这个名字？原来和它的花朵有关系。它的花朵就像是一个个小小的口袋，下雨的时候，朝上生长的花朵接住雨水，接满了就洒下来，浇在过路人的身上，人人都大叫过瘾。树上储存的雨水还可以供给缺水的居民饮用呢。"喷泉树"这个名字就这样叫开了。

　　火焰树、喷泉树，既好看、又有用！在热带地区，人们非常喜欢它。西非热带地区的加蓬共和国，干脆把它定为国树。

？ 学到了什么

▶ 火焰树是加蓬共和国的国树，开红花，还能储存雨水，所以又叫喷泉树。

会跳舞的 小草

《哇啦哇啦报》消息，信不信由你

跳舞草，这个名字真奇怪，难道草也会跳舞吗？

这个故事流传于西双版纳地区。据说古时候有一位美丽善良的傣族少女，名字叫多侬。她天生就喜欢跳舞，舞姿非常优美。她翩翩起舞的时候，就像一只金孔雀，村寨里的人都喜欢她，她的名字也传遍四方。

唉，想不到消息传进一个可恶的大土司的耳朵里，他想霸占多侬，就带领一帮家丁把她抢回了家，强迫她每天给自己跳舞。多侬宁愿死也不答应，她跳进了澜沧江……乡亲们把她的遗体打捞起来，埋葬在

寨子里。日子一天天过去了，想不到在多侬的坟上长出了一株美丽的小草，每当音乐一响，它就会跟着节拍跳舞。人们都说，它就是多侬的化身。

人们给这株会跳舞的草起了一个名字——跳舞草。

想一想 猜一猜

- 这个故事很动人，没准儿真有这回事。

- 这就是一种会跳舞的草。动物能跳舞，为什么植物就不能跳舞呢？

 我是小小科学家

跳舞草又叫情人草、风流草。听到这些名字，让人觉得它仿佛也有情感，会像人一样跳舞。

　　它的名字里虽然有"草"字，却不是真正的草。它大约有半米高，树不像树，草不是草，其实它是一种灌木。在它的树枝上，长满了许多小小的叶片。乍一看，和别的植物没有一丁点儿差别，可是只要响起优美的音乐，它的叶子就会轻轻摇摆，好像真的在跳舞。

　　有趣的是，它只喜欢高雅的华尔兹和柔和的抒情歌曲，对怪腔怪调的曲子和嘈杂的迪斯科压根儿就不搭理。它只在灿烂的阳光下跳舞，一到晚上就静悄悄地垂下叶子，仿佛睡着了似的。

　　跳舞草为什么会跳舞呢？人们想破了脑袋，也想不出原因。有人猜测，在它的身体里面有一种特殊的构造，令它可以随着音乐节拍动起来。

　　科学家推测，也许在它的叶柄细胞里有一种海绵体，对中低频率的声音有反应，这就是跳舞草的秘密。至于这个推测是否正确，还有待研究。

？学到了什么

▶ 跳舞草能够随着优美的音乐摇摆，可能和叶柄细胞里的秘密有关系。